U0012521

3步驟×3香料
印度風香料咖哩

終極食譜

東京咖哩番長幫你丟掉咖哩塊,
掌握關鍵技巧,
在家就能做出正宗多變的印度風味!

改訂版
3スパイス&3ステップで作る もっとおいしい!
はじめてのスパイスカレー

水野仁輔——— 作　張成慧——— 譯

※本書為2013年5月發行的《３スパイス＆３ステップで作る もっと おいしい！はじめてのスパイスカレー》（水野仁輔著，パイ イン ターナショナル出版）增補修訂版。
※中文版《印度風香料咖哩》於2014年4月發行（積木文化出版）

前言

只要活用香料，任何人都能輕鬆做出正統的咖哩。

可能很多人會認為「香料咖哩難度好像很高……」
而感到卻步。
為此，請讓我來介紹我的私房香料咖哩──

① 只要3種香料就ＯＫ。
② 3個步驟就完成，而且過程毫不費工。
③ 不需要厲害的鍋具，一個平底鍋就搞定。

這樣你會不會想試試了呢？

3種香料分別是：
薑黃粉、卡宴辣椒粉、孜然粉。
有時也會改用芫荽粉代替孜然粉。

3個步驟分別是：切菜、煎炒、燉煮。
所有的香料咖哩都可以透過這個程序完成。

為了做到「美味升級」，
本書針對3步驟整理出了幾個重點。
「美味升級的切菜法則」──切菜時有什麼地方要注意？
「美味升級的煎炒法則」──煎炒有什麼要訣？
「美味升級的燉煮法則」──燉煮又有什麼技巧？

「咖哩基底」是煎炒和燉煮兩個步驟之間的重點，
食譜中附有大張對照圖。
參照圖片製作「咖哩基底」，能讓成品美味更升級。

煎炒後燉煮這樣的程序使用平底鍋非常方便。
而且就算沒有鍋蓋也沒關係。

那麼話不多說，趕快展開香料大冒險的旅程吧！

目錄

Chapter 3
美味升級的燉煮法則 ————————————— 82

本書的使用法則

○ 大匙＝15毫升、小匙＝5毫升、1杯＝200毫升。

○ 每篇食譜皆有標示材料的分量。

○ 請使用厚底的平底鍋或鍋子。建議選擇氟樹脂塗層的類型。本書使用的是直徑24cm的平底鍋。鍋子的大小和材質會影響熱傳導的方式，以及水分蒸發的程度。

○ 本書使用的鹽是天然鹽。使用粗鹽的話，依據食譜分量鹽分濃度可能會不足。此時請在最後再進行一次調味。

○ 火侯的標準：大火為「火焰大大地接觸鍋底」、中火為「火焰剛好接觸到鍋底」、小火為「火焰快接觸到鍋底」。

○ 「香料豬肉咖哩——基本篇」（P.12）、「盛夏的蔬菜咖哩」（P.26）、「檸檬雞咖哩」（P.52）、「西餐廳風牛肉咖哩」（P.86）的火侯拿捏以下列的方式註記：

大火：🔥🔥🔥
中大火：🔥🔥🔥
中火：🔥🔥
小火：🔥

○ 鍋蓋要與平底鍋或鍋子尺寸吻合。請使用能夠完全密合的鍋蓋。

○ 所有的食譜都有附上「咖哩基底」的圖片，這也是烹調的關鍵所在。請在食譜步驟中標有「✓」的階段，檢視鍋中的狀態是否與圖片相符。

○ 成品圖皆為1～2人分的擺盤。

什麼是香料咖哩？

就是不使用咖哩塊和咖哩粉的咖哩。只需要一個平底鍋就能做好，因此程序上也很簡單。即便如此，成品的風味卻很道地，而且不論吃起來或看起來都可以有很多變化。利用香料的力量襯托出食材的味道是香料咖哩最大的特色。不僅健康，而且吃再多都不會膩。

怎麼做才會更好吃？

舉例而言，使用咖哩塊製作的咖哩追求的是醬料的美味。
而印度餐廳則會使用豐富的油脂和高乳脂含量的食材以呈現出濃郁的風味。
相比之下，香料咖哩的特色在於突顯食材的美味，
因此第一次做香料咖哩的人也有可能會覺得欠缺了濃郁感和鮮味（旨味）。
然而，不需要為此而去使用高熱量的食材或鮮味調味料等等，
就讓我來分享一個關鍵的小技巧，讓你做出更美味的香料咖哩。

那就是「**脫水**」。請謹記，「不管是1或2，脫水都很重要」。
光是這麼做就能讓香料咖哩的風味提升到令人驚豔的程度。脫水的方式大致分為兩種類型：

第一種是 **1：將水分炒乾**。
經常在香料咖哩中登場的洋蔥、胡蘿蔔、薑、番茄等食材的含水量都超乎預期。
在炒這些食材時，要記得盡量把水分炒乾，炒到你覺得「好像炒太久了」為止。
這麼一來就能夠加深口感。

另一種是 **2：燉到收乾、收汁**。
在燉煮的步驟中，會加入水或椰奶等各種水分。
即便食譜中有寫出建議的分量和燉煮時間，
仍會因為烹調時的火力、鍋具材質及大小等因素，使得水分蒸發的程度有所差異。
所以，當你在試味道時如果覺得「味道好像有點淡」，
那麼記得燉煮時間要稍微拉長，才能夠加深口感。

基本3香料

日常鍋具

家常食材

簡易又道地的香料咖哩!

3種香料

香料咖哩不可或缺的三大香料。
這三種香料平衡地賦予了咖哩香氣、辣味與色澤。

薑黃粉

香氣：△
辣味：×
色澤：◎

大家熟知的香料「薑黃」。屬於薑科，也是咖哩粉的主要成分。在印度，薑黃的用途廣泛，除了最常拿來做料理之外，還會用它來整腸健胃或是塗抹傷口。其鮮豔的黃色能為咖哩增添誘發食慾的色澤。不過要特別注意的是，加太多的話會出現苦味。

卡宴辣椒粉

香氣：○
辣味：◎
色澤：○

紅辣椒磨成的粉，所以正確來說應該叫做「紅辣椒粉」，不過日本似乎習慣統稱為卡宴辣椒粉。鮮明而強烈的辣味是其一大特色，請依照個人口味斟酌用量。其實它還有一個不為人知的魅力，就是類似於甜椒的芬芳香氣，能讓香料咖哩變好吃。

孜然粉

香氣：◎
辣味：×
色澤：△

孜然具備的香氣使其在單獨使用時最能呈現出咖哩的特色，是印度料理中少不了的食材。雖然我也經常使用孜然籽，不過粉狀的孜然香氣特別強烈，用起來很方便。孜然為繖形科一年生草本植物，搭配肉類、魚類、豆類、蔬菜等食材都很適合，是十分萬用的香料。

3個步驟

切菜、煎炒、燉煮。香料咖哩的步驟極為簡單。
每個步驟都分別有讓成品更美味的要訣。

美味升級的切菜法則

洋蔥該切碎還是切成薄片？薑和蒜該切丁還是磨成泥？切
法的不同會使食材的加熱程度及水分蒸發的狀態有很大的
變化。此外，肉類的前置作業也會影響香料咖哩最後的風
味。燉煮前先用酒類或香料醃漬，能讓風味更深厚。

美味升級的煎炒法則

香料咖哩能透過煎炒讓基底的風味變得更深厚。其中最關
鍵的就是脫水。仔細拌炒食材，水分蒸發後油脂便會浮在
表面。繼續將油脂和香料炒勻，香氣逼人的程度會超乎預
期。此外，為了做出美味的咖哩基底，我也會介紹幾個一
起拌炒效果加倍的食材。

美味升級的燉煮法則

燉煮是加熱食材並逼出其精華所不可或缺的步驟。食材的
味道能與咖哩基底所富含的鮮味及香味相互調和。燉煮時
要特別注意的是水分的控制。用類似收汁的做法，讓水分
慢慢蒸發，使風味變得濃郁。如果想要讓味道更深厚，請
稍微拉長燉煮的時間。

基本用具

製作香料咖哩不需要特殊用具。木製鍋鏟是必備的品項。

準備一個用來計量的湯匙或杯子會更方便。

① 平底鍋

使用單柄平底鍋炒料很方便。選擇厚底並有氟樹脂塗層的鍋子比較不易燒焦，有深度的話更適合燉煮。推薦購買主打「可以當湯鍋用的平底鍋」或「深煎鍋」這類產品。本書食譜使用的全部都是這個平底鍋。

② 木製鍋鏟

木鏟是最重要的用具，不論炒或燉都能沿著鍋子內緣均勻攪拌鍋中食材。請務必準備一支。

選用握柄較厚的產品較方便使用且不容易手痠。

鏟子前端為圓角的類型用起來也會比較順手。

③ 料理筷

雖然這不是製作香料咖哩時的必備用具，不過如果手邊有一雙，在備料時就能派上用場。

④ 量匙

香料和油的計量用具。深口的款式會比淺口的方便。小匙可用茶匙代替、大匙可用湯匙代替。

⑤ 量杯

水和椰奶等液體的計量用具。習慣了之後直接用目測也無妨，不過一開始還是建議確實地計量。

⑥ 菜刀

雖然只有一把也一樣可以用，不過更建議切蔬菜時使用水果刀、切肉類和魚類時使用西式主廚刀。

⑦ 砧板

任何種類皆可。圓形的特別好用，切好的食材不用一一挪進調理盆，只需轉動砧板，就能在剩餘空間切其他食材。

⑧ 調理盆

大小皆備會很方便。放入切好的食材備用，或是當作醃肉的容器。有瀝水盆會更方便。

⑨ 磨泥器

用來磨蒜泥、薑泥等。雙面刀刃的款式可以視需求靈活運用，細孔磨蒜泥、粗孔磨薑泥。

香料豬肉咖哩
基本篇

只要三種香料，就能煮咖哩。

不相信嗎？我可沒騙人。

請先試試這道基本的豬肉咖哩，

這會讓你對於製作香料咖哩得出一套心得。

材料　　4人份

紅花籽油 …… 3大匙
洋蔥 …… 1顆（200g）
大蒜 …… 2瓣（20g）
嫩薑 …… 2塊（20g）
水 …… 100ml
切塊番茄 …… 200g
　3種基本香料
　　┌ 薑黃粉 …… 1/2小匙
　　├ 卡宴辣椒粉 …… 1/2小匙
　　└ 孜然粉 …… 1大匙
鹽 …… 略多於1小匙
熱水 …… 400ml
豬梅花肉 …… 600g

1 切菜

首先要先把食材切好。

完成準備工作、擺好食材，再進入調理階段。

洋蔥切碎。

切碎的程度要比丁狀小，但又不要太碎。

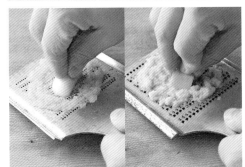

大蒜和薑磨成泥。

使用磨泥器時，大蒜用細孔磨，薑用粗孔磨。

加入100毫升的水充分拌勻，即是薑蒜汁。

拌勻後放一旁備用。

豬肉切成一口大小。

油花太多的話請適度切除。

撒上鹽、胡椒（額外添加），輕輕塗抹在豬肉表面。

CHECK POINT

☐ 準備材料

2 煎炒

接著來炒製咖哩基底。

這個步驟是把香料的香氣移轉到油裡，再加入蔬菜並利用收汁來濃縮味道。

※與實物等大（直徑 24cm）

平底鍋中加入油，以中火加熱。

火候：

洋蔥下鍋拌炒。炒到洋蔥表面均勻裹上油並出現油亮感，用木鏟將洋蔥在鍋中均勻鋪平。

火候：

用大火炒到洋蔥表面微焦。一開始的4～5分鐘盡量不要用木鏟翻炒。以最小的翻炒頻率將水分蒸發。

火候：

轉中火均勻翻炒，同時留意讓水分蒸發。

火候：

轉中火之後大約炒10分鐘。讓全體呈現金黃色，當切碎的洋蔥邊緣呈金黃色就代表炒得差不多了。

火候：

CHECK POINT

☐ 確實脫水

倒入薑蒜汁，將平底鍋傾向一邊，拌炒均勻。

火侯：

將火轉大，均勻炒至腥味散去。

火侯：

當可以用木鏟把食材推向一邊時，
代表收乾得差不多了。

火侯：

加入番茄後轉回中火，用木鏟一邊壓碎番茄一邊拌炒。

火侯：

炒至整體變成黏稠的糊狀，當可以用木
鏟把食材推向一邊時，代表收乾得差不
多了。

火侯：

接著將火轉小，依序加入3種基本香料。
首先加入薑黃粉拌勻。

火侯：🔥

加入卡宴辣椒粉拌勻。

火侯：🔥

加入孜然粉拌勻。

火侯：🔥

加入鹽拌勻。
之後還會再加鹽調味，所以這個步驟不用加太多。

火侯：🔥

炒至3種基本香料充分融化，鍋中食材
與油脂完全融合，整體呈現黏稠的糊狀，
咖哩基底就完成了。

火侯：🔥

<u>3</u> 燉煮

最後一道步驟是「燉煮」。
這是軟化食材並提取其味，將之與咖哩基底融合的程序。

※與實物等大（直徑 24cm）

轉中火並加入豬肉混拌均勻。

火侯：🔥🔥

花點時間翻炒，讓豬肉表面稍微上色。

火侯：🔥🔥

倒入熱水，轉大火煮至滾沸。

火侯：🔥🔥🔥

轉小火燉煮約30分鐘。

火侯：🔥

燉煮時要適時翻動食材，讓水分蒸散到一定程度，出現濃稠感為止。

火侯：🔥

CHECK POINT

☐ 湯汁的量和濃稠感

美味
升級的
切菜法則

切菜是一個單調安靜的作業。

因為是開火之前的作業，既沒有香氣也毫無聲響。

也許很多人會感覺這個階段還不算真正開始烹調。

不過，其實所謂烹調是從切菜就開始了。

不同的切法會影響加熱的方式，

進而對味道也有不小的影響。

此外，除了切蔬菜和切肉，

還可以透過醃肉讓美味更升級。

所以千萬別小看這些不起眼的準備工作，

它們能讓香料咖哩的烹調變得更加精采及美味。

Chapter **1**

美味升級的切菜重點

切菜這件事與後續該如何煎炒、燉煮密切相關。像是該用大火煎還是快炒，或者是否要燉久一點等等。在「香料咖哩的設計」上，切菜是不可輕忽的第一步。

肉類的準備工作

肉類可以事先調味，而且醃漬的方法豐富多樣，無論哪一種都是為了更有效提引出肉類本身的風味。

用菜刀拍肉

→ 雞肉末咖哩（P.30）

把絞肉剁得更細做成肉末咖哩，就能品嘗到細緻的口感。反之，將整塊肉大致剁碎做出來的碎肉咖哩，則能展現肉類的咬勁和口感。

用優格醃肉

→ 奶油雞肉咖哩（P.34）

據說這個方法最早是用於肉類的保存，不過將優格與香料充分拌勻後拿來醃肉，不只提升肉類的風味，也具有軟化肉質的效果。

用葡萄酒醃肉

→ 歐風牛肉咖哩（P.38）

對肉類進行調味時，用酒醃漬是非常有效的方法。其中最具代表性的就是葡萄酒。特別是用紅酒充分醃漬過後，風味會封存在肉裡。

用香料醃肉

→ 雞肉青椒咖哩（P.44）

請記得就像是撒鹽或胡椒一樣，將香料均勻撒在肉類表面。肉類沾上香料的香氣之後，烹煮時就能與咖哩醬充分融合。

蔬菜的準備工作

洋蔥、大蒜和薑等香料咖哩不可或缺的蔬菜，
會因為切法使得加熱狀態和時間不一。
根據每道咖哩做調整，
在準備工作上花點心思吧。

洋蔥切成薄片
→ 盛夏的蔬菜咖哩（P.26）

如果想在咖哩中保留洋蔥的口感和風味，建議順著纖維將洋蔥切成薄片。如果是垂直纖維切成薄片，在燉煮時容易煮到化掉。

洋蔥切碎
→ 秋葵咖哩（P.40）

這是洋蔥最基本的切法。一般常見把洋蔥切得又細又碎，而如果切得沒那麼細，用大火炒過之後能增添甜味和香氣。

洋蔥磨成泥
→ 綜合海鮮咖哩（P.42）

這個做法雖然不常見，但是用洋蔥泥做的咖哩帶有清爽的獨特口感，風味也更有層次。不過，炒料的時候要確實收乾水分。

大蒜和薑切碎
→ 馬鈴薯菠菜咖哩（P.32）

切碎的大蒜和薑通常在洋蔥之前下鍋。炒到焦香再經過燉煮，最後做好的咖哩會留有一絲絲薑蒜特有的風味。

大蒜和薑磨成泥
→ 綜合海鮮咖哩（P.42）

磨成泥的大蒜和薑很快就入味，所以通常是在洋蔥之後才下鍋。話雖如此，如果沒有充分加熱會殘留腥味，所以還是要拌炒均勻。

盛夏的蔬菜咖哩

美味升級的要訣

如果不加麵粉，最後的風味會較為清爽，能更加品嘗到蔬菜本身的美味。雖然有點費工，不過所有的蔬菜先過油清炸一下，燉煮時會更入味，讓咖哩變得更可口。

材料　　4人份

紅花籽油 …… 3大匙
洋蔥 …… 1顆
大蒜 …… 2瓣
嫩薑 …… 2塊
水 …… 100ml
切塊番茄 …… 100g

● 3種基本香料
┌ 薑黃粉 …… 1/2小匙
│ 卡宴辣椒粉 …… 1/2小匙
└ 孜然粉 …… 1大匙
鹽 …… 1又1/2小匙
麵粉 …… 1大匙

熱水 …… 500ml
南瓜 …… 1/4個
紅甜椒 …… 1個
櫛瓜 …… 1條

重點

洋蔥切成薄片不僅收汁不費時，味道也更有層次。

① 切菜

洋蔥切成薄片。大蒜和薑磨成泥，與100毫升的水混合均勻成薑蒜汁。南瓜、紅甜椒、櫛瓜切成一口大小。

② 煎炒

油倒入平底鍋加熱，放入洋蔥拌炒。

火候：🔥🔥🔥

以略強的中火拌炒7～8分鐘，把洋蔥炒到焦香上色。

火候：🔥🔥🔥

加入薑蒜汁，轉大火拌炒。

火候：🔥🔥🔥

夏天是能夠充分品嘗到蔬菜甜味與風味的季節。蔬菜全部切成同樣大小，能讓口感更柔和。

拌炒到大蒜和薑的腥味變成誘人的香氣，並且讓
水分蒸發為止。

火侯：♦♦♦

加入番茄快速翻炒。

火侯：♦♦

用木鏟一邊壓碎番茄一邊拌炒至水分蒸發。

火侯：♦♦

轉小火後依序加入3種基本香料、鹽、麵粉，拌
炒均勻。

火侯：♦

咖哩基底

完成的咖哩基底。每加入一種香
料時都要拌炒均勻。最後加入的
麵粉必須均勻拌炒到完全化開。
當油脂和水分被收乾，出現油亮
感時，就代表炒得差不多了。

倒入熱水，煮至滾沸。

火侯：🔥🔥

加入南瓜。

火侯：🔥🔥

加入紅甜椒。

火侯：🔥🔥

加入櫛瓜。

火侯：🔥🔥

以中火燉煮約20分鐘，把蔬菜煮軟。

火侯：🔥🔥

雞肉末咖哩

胡蘿蔔阿查爾 ⇒P.114

美味升級的要訣

要把雞絞肉剁得更細更碎，實在是挺費工的。
不過這麼做的話，品嘗起來的口感一定會令人
耳目一新。反之，如果選用雞腿肉，也可以用
菜刀切成絞肉，這種做法的口感也別有一番新
鮮風味。

材料　　4人份

紅花籽油 …… 3大匙
大蒜 …… 2瓣
嫩薑 …… 2塊
洋蔥 …… 1顆
切塊番茄 …… 100g
● 3種基本香料
┌ 薑黃粉 …… 1/2小匙
│ 卡宴辣椒粉 …… 1小匙
└ 孜然粉 …… 1大匙
鹽 …… 略多於1小匙
胡蘿蔔 …… 1條
雞絞肉 …… 400g
腰果 …… 50g
熱水 …… 100ml
香菜 …… 1把

重點
剁得又細又碎的雞絞肉，能營造出鬆軟的口感。

作法

❶ 用菜刀拍剁雞絞肉。

❷ 蒜、薑、洋蔥、胡蘿蔔切碎。香菜切小段。腰果壓碎。

❸ 油倒入平底鍋加熱，放入蒜、薑炒至上色。

❹ 加入洋蔥炒至焦香。

❺ 加入番茄炒至水分蒸發，再加入腰果拌炒。

❻ 加入3種基本香料和鹽炒勻。✓

❼ 倒入熱水煮至滾沸，將①的雞絞肉放入鍋中拌勻。

❽ 加入胡蘿蔔，適時翻拌鍋中食材，以中火煮約10分鐘。

❾ 將火轉大，繼續煮5分鐘，水分蒸發後加入香菜翻拌均勻。

切菜

煎炒

燉煮

用雞絞肉做的咖哩不論口感還是味道都輕盈無負擔。胡蘿蔔與香菜是增添風味層次不可或缺的食材。

咖哩基底

切碎的洋蔥、大蒜、薑，保留了一定程度的口感和風味。番茄的水分充分收乾，而炒過的腰果仍保有形狀，讓整體帶有些微的顆粒感。

馬鈴薯菠菜咖哩

美味升級的要訣

或許也可以將馬鈴薯切得更小塊一點。如此一來咖哩醬更容易入味。我喜歡將菠菜一半用食物調理機處理，剩下一半用果汁機打碎。不過，確實有點麻煩。

材料　　4人份

紅花籽油 …… 3大匙
大蒜 …… 3瓣
嫩薑 …… 2塊
洋蔥 …… 1顆
切塊番茄 …… 200g
● 3種基本香料
　┌ 薑黃粉 …… 1/4小匙
　│ 卡宴辣椒粉 …… 1/2小匙
　└ 孜然粉 …… 1大匙
鹽 …… 略多於1小匙
熱水 …… 300ml
馬鈴薯 …… 2個
菠菜 …… 2把
液態鮮奶油 …… 50ml

作法

❶ 大蒜、薑、洋蔥切碎。馬鈴薯切成一口大小。　｜切菜

❷ 菠菜切成小段，用鹽水汆燙後瀝乾放涼，用食物調理機打成泥狀。

❸ 油倒入平底鍋加熱，放入大蒜和薑炒至上色。　｜煎炒

❹ 加入洋蔥炒至焦香。

❺ 加入番茄炒至水分蒸發。

❻ 加入3種基本香料和鹽炒勻。✓

❼ 倒入熱水煮至滾沸，放入馬鈴薯以中火煮約15分鐘，煮軟為止。　｜燉煮

❽ 加入菠菜泥繼續煮。

❾ 倒入鮮奶油拌勻。

重點
切碎的大蒜和薑，香氣會在口中迸發。

咖哩基底

蒜末的用量比起其他咖哩更多，一開始用油炒到焦香，就能讓做好的咖哩基底散發誘人香氣。整個過程就是就是用大火翻炒，炒出香氣。

印度料理的經典菜。燉煮過的菠菜甜味更鮮明，不過要是煮過頭顏色會黑掉。

奶油雞肉咖哩

馬鈴薯薩布吉 ⇒P.114

美味升級的要訣

製作醃料的番茄醬是很美味沒錯，不過另一方面，其所含有的許多鮮味調味料也讓人有點介意。推薦以番茄糊（6倍濃縮等）混合薑泥和鹽代用。

材料　　4人份

奶油 …… 30g

雞腿肉 …… 400g

醃料

　　原味優格 …… 100g

　　蒜泥 …… 1小匙

　　番茄醬 …… 2大匙

　　蜂蜜 …… 2大匙

● 3種基本香料

　　薑黃粉 …… 1/2小匙

　　卡宴辣椒粉 …… 1/2小匙

　　孜然粉 …… 1大匙

嫩薑 …… 2塊

青龍椒（可加可不加）…… 2根

切塊番茄 …… 300g

青花菜 …… 1顆

液態鮮奶油 …… 200ml

重點

用優格醃過的肉類更軟嫩，還能增添風味。

作法

❶ 調理盆中加入醃料的材料與3種基本香料充分拌勻。雞腿肉切成一口大小，撒上鹽、胡椒（額外添加），放入醃料中抓揉均勻，醃漬2小時（能放置一晚更好）。　切菜

❷ 薑和青辣椒切碎。

❸ 青花菜切成小朵汆燙備用。

❹ 奶油放入平底鍋加熱融化，加入薑和青辣椒拌炒。　煎炒

❺ 加入番茄炒至水分蒸發。

❻ 連同醃料將雞腿肉倒入鍋中，炒至水分蒸發。✓

❼ 加入青花菜拌勻。　燉煮

❽ 倒入鮮奶油稍微煮一下。

咖哩基底

醃過的雞肉連同醃料一起下鍋拌炒，做成變化版的咖哩基底。番茄的用量很大，在雞肉下鍋前將水分充分收乾是成功的關鍵。

這道咖哩能品嘗到醃漬過的雞肉和乳製品的醇郁滋味。加入青花菜讓整體的平衡性更佳。

碎牛肉咖哩

馬鈴薯阿查爾 ⇒P.114

美味升級的要訣

紅酒多加一點或許會更好。差不多100毫升左
右。不加麵粉,在咖哩基底做好時將少量的市
售咖哩塊磨成碎屑加進去拌勻也是一種做法。
咖哩塊的熟悉滋味與香料的刺激可以取得良好
的平衡。

材料　　4人份

紅花籽油 …… 2大匙
大蒜 …… 1瓣
嫩薑 …… 1塊
洋蔥 …… 1顆
奶油 …… 15g
● 3種基本香料
   薑黃粉 …… 1/2小匙
   卡宴辣椒粉 …… 1/2小匙
   孜然粉 …… 1大匙
麵粉 …… 1大匙
鹽 …… 略多於1小匙
熱水 …… 200ml
杏桃果醬 …… 2大匙
牛肉 …… 400g
棕色蘑菇 …… 6個（大）
紅酒 …… 50ml
小番茄 …… 10顆
青豆仁 …… 100g

重點

剁碎的牛肉不僅保有肉類的咬勁，也更加多汁。

作 法

❶ 洋蔥、蒜、薑切碎。

❷ 牛肉剁碎，撒上鹽、胡椒（額外添加）。
棕色蘑菇切丁。小番茄每顆切成1/4大小。

❸ 油倒入平底鍋以中火加熱，放入大蒜和
薑拌炒。

❹ 加入洋蔥炒至略微上色。

❺ 加入奶油融化拌勻，再加入3種基本香料、
鹽和麵粉炒勻。✓

❻ 加入牛肉和棕色蘑菇，將肉炒至上色。

❼ 加入紅酒，炒至酒精揮發。

❽ 倒入熱水煮至滾沸，加入杏桃果醬拌勻。
以小火燉煮約20分鐘至收汁。

❾ 加入青豆仁和小番茄稍微煮一下。

切菜

煎炒

燉煮

咖哩基底

這道咖哩基底的製作重點，是
在洋蔥炒至略為上色的時候加
入奶油。如此一來，之後加入
麵粉時較容易炒勻。請充分拌
炒以免有殘粉。

口感十足的絞肉咖哩。利用番茄的酸味去平衡牛肉強烈的鮮味。

歐風牛肉咖哩

奶油香料炒胡蘿蔔＆四季豆 ⇒P.115

美味升級的要訣

牛肉下鍋前，加入麵粉炒勻後放涼，倒入果汁機打成泥狀。在空出來的平底鍋中倒入少量的油（額外添加），將牛肉表面煎上色，接著把果汁機中的蔬菜泥倒回鍋中，再按右頁食譜的作法接續下去，即可做出媲美大飯店的味道。

材料　　4人份

牛五花 …… 600g
醃料
　┌ 胡蘿蔔 …… 60g
　│ 大蒜 …… 1瓣
　│ 芹菜 …… 10cm
　└ 紅酒 …… 300ml
紅花籽油 …… 2大匙
洋蔥 …… 1顆
奶油 …… 15g
切塊番茄 …… 50g
● 3種基本香料
　┌ 薑黃粉 …… 1/2小匙
　│ 卡宴辣椒粉 …… 1/2小匙
　└ 孜然粉 …… 1大匙
鹽 …… 略多於1小匙
麵粉 …… 1大匙
熱水 …… 500ml
巧克力 …… 5g
藍莓果醬 …… 1小匙

作法

❶ 牛肉切成稍大的塊狀。洋蔥、胡蘿蔔、芹菜切碎。大蒜壓碎。　｜切菜

❷ 醃料用的所有材料倒入調理盆中拌勻，放入牛肉冷藏醃漬2小時左右（能放置一晚更好）。

❸ 油倒入平底鍋加熱，放入洋蔥炒至上色。　｜煎炒

❹ 加入奶油和醃料的蔬菜拌炒。整碗醃料汁液分次少量加入鍋中，同時一邊拌炒至水分蒸發。

❺ 加入番茄拌炒。

❻ 轉小火後加入3種基本香料和鹽炒勻，再加入麵粉拌炒。✓

❼ 牛肉下鍋煎至表面上色。

❽ 倒入熱水煮至滾沸，加入藍莓果醬和巧克力拌勻。　｜燉煮

❾ 以小火燉煮約2小時。

重點
用紅酒醃漬過的牛肉，能將紅酒的風味封存其中。

咖哩基底

醃料的蔬菜下鍋充分拌炒至碎掉看不出原本的形狀。紅酒的酒精揮發後，咖哩基底的顏色會變得更深。待水分蒸發、表面浮一層油脂時，再加入香料。

用一塊塊有咬勁的牛肉做成的歐風咖哩。麵粉帶出的濃稠感和紅酒風味讓人白飯一碗接一碗。

秋葵咖哩

印度奶茶 ⇒P.115

美味升級的要訣

想做成徹底發揮秋葵風味的咖哩也可以。這時
將秋葵的分量增加至50～60根，每根先縱切開
來拿去清炸。秋葵炸到香脆再按照右頁食譜的
步驟加入鍋中。這麼做味道會更「印度風」。

材料　　4人份

紅花籽油 …… 3大匙
洋蔥 …… 1顆
大蒜 …… 2瓣
嫩薑 …… 2塊
水 …… 100ml
切塊番茄 …… 200g
● 3種基本香料
　　薑黃粉 …… 1/2小匙
　　卡宴辣椒粉 …… 1/2小匙
　　孜然粉 …… 1大匙
鹽 …… 略多於1小匙
熱水 …… 200ml
秋葵 …… 40根

重點

洋蔥切丁用大火炒，能逼出香氣和甜味。

作法

❶ 洋蔥切丁。大蒜和薑磨成泥，與100毫升的水混合均勻。 ｜ 切菜

❷ 秋葵切成1cm寬。

❸ 油倒入平底鍋加熱，放入洋蔥以大火炒至焦香。 ｜ 煎炒

❹ 加入①的薑蒜汁，拌炒至水分蒸發。

❺ 加入番茄炒至水分蒸發。

❻ 加入3種基本香料和鹽炒勻。✓

❼ 倒入熱水煮至滾沸，加入秋葵，燉煮至秋葵變軟且咖哩變得濃稠為止。 ｜ 燉煮

咖哩基底

磨成泥的大蒜和薑，經過充分拌炒，味道會更濃郁。洋蔥炒到焦香之後，每放入一種材料就要確實收乾水分，目標是完成後會呈現黏糊的狀態。

能享受到柔軟帶嚼勁、外加黏呼呼口感的一道咖哩。請將秋葵煮軟才算完成。

綜合海鮮咖哩

香料炸鰤魚 ⇒P.115

美味升級的要訣

燻鮭魚的燻製香氣讓人食指大動。關火之後再將燻鮭魚加進鍋裡香氣會更鮮明。魷魚最好整尾先處理好，切成適當的大小，連同內臟一起下鍋煮風味會更好。

材料　4人份

紅花籽油 …… 3大匙
洋蔥 …… 1顆
大蒜 …… 1瓣
嫩薑 …… 1塊
切塊番茄 …… 100g
● 3種基本香料
　┌ 薑黃粉 …… 1/2小匙
　│ 卡宴辣椒粉 …… 1/2小匙
　└ 孜然粉 …… 1大匙
鹽 …… 略多於1小匙
顆粒芥末醬 …… 1大匙
熱水 …… 400ml
燻鮭魚（魚片） …… 150g
魷魚腳 …… 4支（150g）
生干貝 …… 100g

重點
用洋蔥泥做的咖哩口感清爽順口。

作 法

❶ 洋蔥、大蒜、薑磨成泥。　切菜

❷ 燻鮭魚切成一口大小，魷魚腳和生干貝切成一半。

❸ 油倒入平底鍋加熱，放入洋蔥炒至上色。　煎炒

❹ 加入蒜泥和薑泥拌炒。

❺ 加入番茄拌炒。

❻ 加入3種基本香料和鹽拌炒，再加入顆粒芥末醬炒勻。✓

❼ 倒入熱水煮至滾沸，放入燻鮭魚、魷魚腳和生干貝煮熟。　燉煮

咖哩基底

將洋蔥泥炒至帶有淺淺的焦色。接著加入蒜泥、薑泥和番茄炒至水分蒸發之後再加入香料。薑黃粉的黃和卡宴辣椒粉的紅，加在一起後呈現出明亮的色澤。

這道咖哩用任何海鮮食材製作都很美味。鐵則是海鮮必須最後下鍋，並且不能煮太久。

雞肉青椒咖哩

柳橙拉西 ⇒P.116

美味升級的要訣

青椒下鍋的時間可取決於個人喜好的口感。如
果是按照食譜的步驟，青椒的香氣會融入咖
哩醬之中，若是在起鍋前5分鐘左右才加的話，
則能享受到其新鮮的香氣。

材料　　4人份

紅花籽油 …… 3大匙
雞腿肉 …… 600g
● 3種基本香料
　┌ 薑黃粉 …… 1/2小匙
　│ 卡宴辣椒粉 …… 1/2小匙
　└ 孜然粉 …… 1大匙
鹽 …… 略多於1小匙
洋蔥 …… 2顆
大蒜 …… 2瓣
嫩薑 …… 2塊
水 …… 100ml
熱水 …… 200ml
青椒 …… 4個

作法

❶ 雞腿肉切成一口大小，撒上鹽、胡椒（額外添加），再撒上3種基本香料和鹽，抓揉均勻後放旁備用。　切菜

❷ 洋蔥切塊，大蒜和薑磨成泥後與100毫升的水混合均勻。

❸ 青椒切塊。

❹ 油倒入平底鍋加熱，放入洋蔥炒到變軟。　煎炒

❺ 加入薑蒜汁，拌炒至水分蒸發。

❻ 加入用香料醃製入味的雞肉，煎至表面上色。✓

❼ 倒入熱水煮至滾沸，以中火燉煮約10分鐘。　燉煮

❽ 加入青椒煮約15分鐘，直到收汁。

重點
用香料醃過的雞腿肉格外入味。

咖 哩 基 底

基本香料是先撒在雞肉上抓揉入味，所以當雞肉下鍋煎完，咖哩基底也隨之完成。青椒是燉煮時加入的配料，沒有跟其他材料一起炒，所以咖哩基底保有黃色的基調。

這道濃稠的雞肉咖哩味道也非常濃郁。青椒清爽的風味和些微的苦味成為了提味的亮點。

說到「現磨」一詞，腦海中首先浮現的應該是咖啡吧。我喜歡喝咖啡，所以大學一畢業就買了一台電動磨豆機，以便自己在家煮咖啡。當時我買的是義大利品牌「迪朗奇」（De'Longhi）的產品，買什麼都以造型優先的我，被迪朗奇這個帥氣的品牌名稱和設計所吸引。雖然已經記不得多少錢，但無庸置疑是一個當時需要下決心購買的金額。

我向咖啡店買豆子回家，再啪啦啪啦地倒入機器裡。那台機器可以透過調整刻度控制磨出的咖啡粉粗細。轉開旋鈕，磨豆機便開始運作，成為粉狀的咖啡伴隨嘎啦嘎啦的聲響落下。拉出機器附的透明粉槽，眼前是滿溢著香氣的咖啡粉。這就是所謂的「現磨」啊。

明明我深知親手沖煮現磨咖啡的樂趣，但不知道為什麼，卻從來沒有思考過現磨香料有什麼魅力。不過從來也沒人告訴我，所以也情有可原。向咖啡店買咖啡時，店家會問「直接帶豆子嗎？還是要磨成粉呢？」有些人甚至會建議「喜歡咖啡的話自己磨會比較好喝喔」等等，不過香料則不是這麼一回事。

說到底就連香料專賣店這種東西都很少見，有的是整齊排列在超市香料貨架上沉默的香料瓶。貼心的是，這些香料幾乎都已經磨成粉販售，所以也從來不會想到要自己磨。

而就在有一天，當我一邊翻閱著國外的食譜，一邊想著要來做印度咖哩時，遇見了一個不熟悉的香料名詞——「烤孜然粉」。翻到某一頁時，發現上面寫有作法——孜然籽用平底鍋乾煎過後，再用研磨器磨成粉。原來如此！看完之後我立刻挑戰試做。

正好我手邊就有孜然籽。平底鍋不放油，唰地倒入孜然籽開始乾煎。接著香氣撲鼻而來，當開始上色時關火，再稍微用餘溫加熱。將鍋中的孜然籽拿去磨就完成了。我準備好引以為傲的咖啡磨豆機，唰地倒入剛煎好的孜然籽。

喀拉喀拉的聲響開始運轉，變成粉狀的孜然籽隨而落下。拉出透明粉槽的那一刻，香氣奔騰而上。哇喔，太厲害了！這是我生平第一次深刻體會到乾煎過的香料磨成粉之後的威力。興奮的我為了盡情享受現磨孜然粉的香氣而把鼻子更湊近了粉槽。

「怎麼回事？」湊近之後，不知道為什麼出現了奇怪的味道。沒錯，就是咖啡的味道。這也難怪，因為平

我的香料大冒險 ①
粉狀香料的用量不得吝嗇

時都在磨咖啡，刀刃和粉槽都殘留著咖啡粉。這些殘粉和孜然混在一起，變成了咖啡風味的孜然粉。

然而令人頭大的是，烤孜然粉是要混入做好的咖哩之中，而實際這麼做之後，咖哩便帶有了一絲咖啡的味道。災難不僅於此，當我吃完要來杯咖啡時，用磨豆機磨完的豆子這次成了帶有孜然風味的咖啡粉。理所當然，我喝下去的咖啡也帶著一絲孜然的香氣⋯⋯。

咖啡和香料無法用同一個機器來磨。這令我感到煩惱不已。是要放棄咖啡，還是放棄香料呢⋯⋯。不行不行，兩個我都喜歡，怎麼能這麼輕易說放棄。該說世事無法兩全其美嗎？我毅然決然地邁向了電器城。

我決定再買一台迪朗奇的咖啡磨豆機。回到家之後，我把兩台新舊磨豆機擺在了一起。世上有多少人同時擁有兩台一模一樣的磨豆機呢？為了不再重蹈覆轍，我用油性麥克筆在左邊機器的粉槽外寫上了「coffee」，在右邊機器的粉槽外寫上「spice」。

擁有了香料專用磨豆機的我，在研磨香料上費了不少心思。我將磨好的粉狀香料加進咖哩，而且用量感覺比平時更多一點。結果咖哩的味道竟有了顯著的提升。粉狀的香料比整粒香料香氣更鮮明，也更能夠帶出濃稠感。研磨香料教會我的一件事是，只要不吝嗇地大膽加進去，就能做出一道風味鮮明有特色的咖哩。至今，這兩台磨豆機10年多來依然相安無事地擺放在我家。

美味升級的
煎炒法則

你可能以為咖哩就是一種燉煮料理，
但其實並不完全是這樣。
咖哩其實是先煎炒後燉煮的料理，
這種做法稱為「煎煮」。
特別是在製作香料咖哩時，煎炒這個步驟非常重要，
而且煎炒時間也會相對較長。
將洋蔥、大蒜、薑、番茄這些食材炒至水分蒸發，
使味道更加濃郁，
然後在這個基礎上再加入香料繼續炒。
透過炒香料，可以使風味更加突出。
這個煎炒的過程絕對不會讓你失望。

Chapter 2

美味升級的煎炒重點

煎炒的目的是為了讓香味散發出來，同時濃縮味道。根據要下鍋煎炒的食材以及想創造出的香味或味道，就能找出最適合的加熱方式。請記得，咖哩基底的完成度取決於煎炒的方式。

煎炒洋蔥和香料

透過煎炒，
洋蔥的水分會減少，
香味和甜味會變得更加突出。
炒的時間越長，味道越濃縮。
最初加入的香料（初始香料），
根據受熱程度的不同，
下鍋時間也會有所變化。

炒至洋蔥呈琥珀色

→ 茄子黑咖哩（P.56）

炒至琥珀色並不難。開始時用大火，然後逐漸轉小火。翻炒的速度也要逐漸加快。「水」是此步驟的關鍵詞。

加水炒洋蔥

→ 檸檬雞咖哩（P.52）

想要快速炒熟洋蔥時，就從開始到結束都用大火炒。如果開始焦了，加入少量水能幫助加熱，而且效果超乎預期。

炒香料 A
（小荳蔻／丁香／肉桂棒）

→ 燉雞翅腿咖哩（P.58）

小荳蔻的香味主要來自於殼內的種子。所以將其炒至膨脹並出現裂縫，燉煮的時候香味更容易散發。

炒香料 B
（葫蘆巴籽／茴香籽）

→ 法式餐館風鮮蝦咖哩（P.60）

葫蘆巴籽是堅硬且難以熱穿透的香料。比茴香籽早點加入可導出其甜香，但同時也會有苦味，所以用量要控制。

炒香料 C
（芥末籽／孜然籽）

→ 花椰菜咖哩（P.66）

炒芥末籽時，要將其加熱至在鍋子裡劈啪跳動為止。即使變黑也沒關係。孜然籽因為容易熱穿透，所以晚一點再加。

拌炒咖哩基底

咖哩基底是決定香料咖哩特色的關鍵。
放番茄一起拌炒來增添鮮味是正統的做法，
但也可以透過加入不同風味的食材一起拌炒，
創造出有個性的咖哩基底。

炒磨菇

→ 牛肉蘑菇咖哩（P.62）

炒蘑菇泥是一種你可能未曾聽過的方法，但充分拌炒後能增加醇郁口感和風味。特別推薦用來做歐式咖哩。

炒泰式咖哩醬

→ 泰式綠咖哩（P.64）

用新鮮香草和蔬菜自製泰式咖哩醬，炒過的味道遠勝於市售品。辣度也可以自己掌控。

炒優格

→ 蕪菁雞肉丸咖哩（P.70）

用優格代替番茄是印度料理中的常見方法。它增加了醇郁口感和酸味，使味道更加清新。和番茄搭配使用也可以。

炒椰子醬

→ 奶香蔬菜咖哩（P.72）

如果能買到椰子粉或椰絲，一定要試試這個方法。比起用椰奶煮，炒過的椰子醬會增加一股焦香風味。

炒絞肉

→ 麻婆咖哩（P.74）

想在咖哩基底中加入動物性的醇郁口感時，這個方法很有效。將絞肉炒至完全熟透，油脂和鮮味會一同被萃取出來，創造出濃郁的味道。

檸檬雞咖哩

美味升級的要訣

清爽的檸檬酸味讓整體的味道更加融合。檸檬皮如果加熱時間過長可能會變苦，因此或許用削皮器把皮削掉會是個不錯的選擇。或是最後再擠入檸檬汁，應該也是個好方法。

材料　　4人份

紅花籽油 …… 3大匙
● 初始香料
　　紅辣椒 …… 2根
　　孜然籽 …… 1小匙
大蒜 …… 2瓣
嫩薑 …… 2塊
香菜根部 …… 2把的量
洋蔥 …… 1顆

切塊番茄 …… 200g
● 3種基本香料
　　薑黃粉 …… 1/2小匙
　　卡宴辣椒粉 …… 1/2小匙
　　芫荽粉 …… 2小匙
鹽 …… 略多於1小匙
熱水 …… 500ml
雞腿肉 …… 500g

馬鈴薯 …… 1個（大）
檸檬 …… 1個
蜂蜜 …… 1大匙
● 結尾香料
　　香菜 …… 2把

洋蔥切丁。大蒜、薑切碎。

① 切菜

馬鈴薯切成8等分。香菜的根部切碎，其餘切小片。檸檬切成1cm厚的圓片，去籽。雞腿肉切成一口大小，撒上鹽、胡椒（額外添加）備用。

油倒入平底鍋以中火加熱，放入紅辣椒拌炒。當紅辣椒香味散發出來且顏色變黑後，加入孜然籽炒至香味散發出來。

火侯：🔥🔥

② 煎炒

加入大蒜、薑、香菜根部拌炒，再加入洋蔥，以大火炒至焦香上色。

火侯：🔥🔥🔥

燉煮過的檸檬能讓雞肉咖哩更美味。但是要注意別煮過頭，以免產生苦味。

以大火翻炒7～8分鐘，將鍋中食材炒至焦香上色。

火侯：🔥🔥🔥

洋蔥表面快要燒焦時，加入約3大匙水（額外添加），使其均勻混合。

火侯：🔥🔥🔥

加入番茄，以中火快速翻炒拌勻。

火侯：🔥🔥

將火轉小，加入3種基本香料和鹽炒勻，約炒30秒。

火侯：🔥

咖哩基底

洋蔥用大火炒至表面焦香上色，快要燒焦時加入水，這樣可使洋蔥的色澤接近琥珀色。番茄水分蒸發並與香料混合後，做好的咖哩基底呈現深棕色。

倒入熱水煮至滾沸。

火侯：🔥🔥

加入雞肉快速拌一下後，再次煮至滾沸。

火侯：🔥🔥

加入馬鈴薯，快速拌一下並煮至滾沸，以中火煮
約10分鐘。

火侯：🔥🔥

加入檸檬和蜂蜜，再用小火煮約5分鐘。

火侯：🔥

加入香菜拌勻。

火侯：🔥

茄子黑咖哩

印度肉燥 ⇒P.116

美味升級的要訣

請挑戰將咖哩基底烹調最深的色澤。切塊番茄可以事先用果汁機打成泥狀，或者使用較軟且風味更濃郁的整顆番茄（罐頭）用手壓碎，這樣會使咖哩更加美味。

材料　　4人份

紅花籽油 …… 3大匙
洋蔥 …… 2顆
大蒜 …… 1又1/2瓣
嫩薑 …… 2塊
切塊番茄 …… 100g
● 3種基本香料
　　薑黃粉 …… 1/4小匙
　　卡宴辣椒粉 …… 1小匙
　　孜然粉 …… 1大匙
鹽 …… 略少於1小匙
黑芝麻粉 …… 1小匙
醬油（低鹽）…… 15ml
雞高湯 …… 400ml
牛絞肉 …… 200g
茄子 …… 10條（小）
● 結尾香料
　　細蔥 …… 1/2把

重點
耐心地將洋蔥炒至顏色變深，能讓味道變得有層次。

作法

❶ 洋蔥切成薄片，大蒜和薑磨成泥。　　切菜

❷ 茄子切成2cm厚的圓片，下鍋清炸。細蔥切成細末。

❸ 油倒入平底鍋加熱，放入洋蔥以中火炒至呈琥珀色。　　煎炒

❹ 加入大蒜、薑，炒至水分蒸發。

❺ 加入番茄，炒至水分蒸發。

❻ 加入3種基本香料和鹽，充分拌炒至香味散發出來。✓

❼ 加入黑芝麻粉、醬油，再加入雞高湯煮至滾沸。　　燉煮

❽ 加入牛絞肉，以小火煮約10分鐘，接著加入茄子拌勻，繼續煮約5分鐘。

❾ 加入細蔥，稍微煮一下。

加入大量的洋蔥充分拌炒之後，大大提升了鮮味。絞肉的肉汁被茄子完美吸收，使味道更加協調。

咖哩基底

將洋蔥炒至琥珀色的秘訣是一開始時開中大火，盡量別用木鏟翻動以讓水分蒸散，然後逐漸減弱火力，最終用較弱的中火，用木鏟頻繁翻動，讓洋蔥均勻加熱。

燉雞翅腿咖哩

美味升級的要訣

也許這個方法有些難度，但可以試試將洋蔥切
成楔形，然後從蒸煮慢慢變成蒸烤。洋蔥加入
約100毫升的水，蓋上鍋蓋，用大火煮至滾沸。
接著打開鍋蓋，炒至水分蒸發。這麼做能使甜
味增強。

材料　　4人份

紅花籽油 …… 4大匙

● 初始香料

> 小荳蔻 …… 6粒
> 丁香 …… 6粒
> 肉桂棒 …… 5cm

洋蔥 …… 2顆（400g）

大蒜 …… 1瓣

嫩薑 …… 1塊

雞翅腿 …… 700g

醃料

> 原味優格 …… 200g
> 鹽麴 …… 1大匙
> 薑黃粉 …… 1/4小匙
> 孜然粉 …… 1小匙

鹽 …… 略少於1小匙

液態鮮奶油 …… 200ml

作法

❶ 洋蔥切成薄片，大蒜和薑磨成泥。　　切菜

❷ 調理盆中放入雞肉、醃料和鹽抓揉入味，冷藏2小時（能放置一晚更好）。

❸ 油倒入平底鍋加熱，加入初始香料，炒至上色並散發香味。　　煎炒

❹ 加入洋蔥炒至焦香上色，再加入大蒜和薑拌炒。✓

❺ 轉小火並連同醃料將②全部加入混合。煮至滾沸後加入一半的鮮奶油，蓋上鍋蓋，以極小火燉煮約30分鐘，然後打開蓋子繼續燉煮30分鐘。　　燉煮

❻ 加入剩餘的鮮奶油混合，稍微滾沸一下。

重點

炒過的小荳蔻、丁香、肉桂棒與肉類很搭。

咖哩基底

將切成薄片的洋蔥炒出淺淺的焦色。醃料中已經使用了薑黃粉和孜然粉，所以不需要另外添加。因此，最後完成的咖哩基底呈現出明亮的色調和濃稠的質地。

香料的香氣柔和地從雞肉咖哩中飄散出來。這道色澤溫和的咖哩，吃起來意外地滿足。

法式餐館風鮮蝦咖哩

美味升級的要訣

這是一道鮮味滿分的咖哩。如果想讓味道清爽一點，可以不加起司粉和糖。相反地，如果能買到帶頭的蝦，就把蝦頭也用上，它會讓湯底的鮮味倍增。

材料　　4人份

橄欖油 …… 3大匙
● 初始香料
　┌葫蘆巴籽（可加可不加）…… 2撮
　└茴香籽 …… 1小匙
洋蔥 …… 100g（1/2顆）
大蒜 …… 1瓣
嫩薑 …… 1塊
胡蘿蔔 …… 1/2條
芹菜 …… 10㎝
切塊番茄 …… 200g
● 3種基本香料
　┌薑黃粉 …… 1/2小匙
　│卡宴辣椒粉 …… 1小匙
　└芫荽粉 …… 1大匙
鹽 …… 1又1/2小匙
顆粒芥末醬 …… 1大匙
白葡萄酒 …… 100ml
熱水 …… 600ml
液態鮮奶油 …… 50ml
起司粉 …… 1大匙
糖 …… 1大匙
明蝦 …… 15尾（帶頭的更佳）
蘆筍 …… 8根

作法

❶ 洋蔥、大蒜、薑、胡蘿蔔、芹菜切成細末備用。　｜切菜

❷ 明蝦開背，去除腸泥。保留4尾的蝦頭，稍微清洗後放在烤網上烤熟。蘆筍去掉較粗的纖維，切成4等分。

❸ 油倒入平底鍋加熱，加入初始香料炒香。　｜煎炒

❹ 加入洋蔥、大蒜、薑、胡蘿蔔、芹菜，炒至焦香上色。加入番茄，炒至水分蒸發。

❺ 加入3種基本香料和鹽炒勻。✓

❻ 加入顆粒芥末醬和白葡萄酒，炒至酒精揮發，再加入蝦頭。

❼ 倒入熱水煮約20分鐘。用濾網過濾，只留下醬汁。　｜燉煮

❽ 加入鮮奶油、糖、起司粉，混拌均勻。

❾ 加入蝦和蘆筍，煮至蘆筍熟透。

重點
炒過的葫蘆巴籽及茴香籽，很適合搭配海鮮。

咖哩基底

炒洋蔥和辛香蔬菜時，因為總量較多，所以訣竅是用中火耐心炒約15分鐘。目標是把胡蘿蔔和芹菜炒到軟爛，與洋蔥融合。要確保白葡萄酒的酒精完全揮發。

口感滑順，但風味濃郁的咖哩。過濾掉醬汁可以讓味道更顯高雅，但如果覺得麻煩也可以省略。

牛肉蘑菇咖哩

香料馬鈴薯沙拉 ⇒P.116

美味升級的要訣

如果使用整塊的牛五花肉，能讓咖哩的味道更豪華。在這種情況下，最好在另一個鍋子裡燉煮約1小時直到肉質變軟嫩，然後以燉汁代替右頁食譜中的熱水。嗯，的確有點麻煩。

材料　　4人份

橄欖油 …… 3大匙
● 初始香料
　　小荳蔻 …… 5粒
　　丁香 …… 5粒
　　肉桂棒 …… 1根
洋蔥 …… 2顆
大蒜 …… 1瓣
嫩薑 …… 1塊
棕色蘑菇 …… 10個
● 3種基本香料
　　薑黃粉 …… 1/4小匙
　　卡宴辣椒粉 …… 1/2小匙
　　孜然粉 …… 1大匙
鹽 …… 1小匙
蜂蜜 …… 1大匙
伍斯特醬 …… 1小匙
麵粉 …… 1大匙
熱水 …… 400ml
牛肉片 …… 300g
● 結尾香料
　　巴西里 …… 1枝

作法

❶ 洋蔥切成薄片，大蒜和薑磨成泥。

❷ 將4個棕色蘑菇磨成泥，其餘切成薄片。

❸ 牛肉撒上鹽和胡椒（額外添加）。巴西里的葉子切成細末。

❹ 油倒入平底鍋加熱，加入初始香料炒香。

❺ 加入洋蔥炒至深棕色。

❻ 加入大蒜、薑拌炒，接著加入磨成泥的蘑菇炒熟。

❼ 加入3種基本香料和鹽炒勻，加入伍斯特醬混合，再加入麵粉拌炒。✓

❽ 倒入熱水煮至滾沸後，加入蜂蜜和切片蘑菇，用小火煮約15分鐘。

❾ 加入牛肉，轉中火煮約5分鐘至牛肉熟透，然後加入巴西里混合，再煮約5分鐘。

切菜

煎炒

燉煮

在切成薄片的洋蔥裡，加入切成薄片的肉和切成薄片的蘑菇。儘管口感溫和，但味道卻很濃郁。

重點
蘑菇炒過後可提升口感和風味。

咖哩基底

蘑菇泥如果加熱不足，會無法與咖哩基底融合，所以要與炒過的洋蔥充分混合，並用中大火充分拌炒至水分蒸發。加入麵粉後要確實炒勻。

泰式綠咖哩

美味升級的要訣

這是以舞菇和蘑菇等菇類為主的變化版泰式咖哩，但也可以大膽將雞腿肉作為主要食材，並與喜歡的蔬菜一起燉煮。這款咖哩醬搭配任何配料皆可。

材料　4人份

○ 綠咖哩醬

> 青龍椒 …… 15根
> 小洋蔥 …… 2顆
> 大蒜 …… 2瓣
> 嫩薑 …… 2塊
> 香菜 …… 2把
> 甜羅勒 …… 10片
> 孜然粉 …… 1小匙
> 鹽辛魷魚 …… 2小匙

紅花籽油 …… 3大匙
椰奶 …… 400ml
熱水 …… 100ml
舞菇 …… 3包
棕色蘑菇 …… 5個
青檸葉 …… 6片
魚露 …… 3大匙
糖 …… 1大匙

● 結尾香料

> 甜羅勒 …… 10片

作 法

❶ 將綠咖哩醬的材料放入果汁機裡打成泥狀。

❷ 舞菇分成小朵，棕色蘑菇切成薄片。

❸ 油倒入平底鍋加熱。

❹ 加入綠咖哩醬，炒至散發香味。✓

❺ 倒入椰奶和熱水燉煮。

❻ 加入舞菇、棕色蘑菇、糖、魚露、香檸葉，煮至熟透。

❼ 加入甜羅勒混合，稍微煮一下。

切菜

煎炒

燉煮

重點
甜羅勒等新鮮香料炒鍋之後，會釋放一股清新的風味。

咖哩基底

綠咖哩醬的拌炒程度會影響最終味道。炒得不足會留下生味，炒過頭則會損失新鮮香味。大約煮到水分蒸發、綠色開始變色時就差不多了。

花椰菜咖哩

美味升級的要訣

將花椰菜處理成類似絞肉咖哩的口感，風味會更有層次。如果要這麼做，就將一朵朵的花椰菜切細切碎。將加入椰奶的時機稍微延後，可以增強風味。

材料　　4人份

紅花籽油 …… 3大匙
● 初始香料
　┌芥末籽 …… 1小匙
　└孜然籽 …… 1小匙
大蒜 …… 2瓣
嫩薑 …… 2塊
洋蔥 …… 1/2顆
切塊番茄 …… 100g
● 基本香料
　┌薑黃粉 …… 1/2小匙
　└卡宴辣椒粉 …… 1/2小匙
鹽 …… 略多於1小匙
熱水 …… 300ml
椰奶 …… 200ml
花椰菜 …… 1顆

作法

❶ 大蒜、薑切碎，洋蔥切成薄片。　切菜

❷ 花椰菜分成小朵。

❸ 油倒入平底鍋加熱，加入芥末籽炒香。　煎炒

❹ 當開始發出爆裂聲時，加入孜然籽炒至顏色變深。

❺ 加入大蒜、薑炒至焦香上色，再加入洋蔥炒至變軟。

❻ 加入番茄炒至水分蒸發。

❼ 加入3種基本香料和鹽炒勻。✓

❽ 倒入熱水煮至滾沸，再加入椰奶和花椰菜，以中小火煮約30分鐘。　燉煮

重點
炒過的芥末籽和孜然籽與蔬菜很搭。

咖哩基底

芥末籽加熱時會濺油，可以視情況傾斜平底鍋讓油聚集在一邊，這樣可以減少濺油。切成薄片的洋蔥不要炒過頭，應讓其保有形狀和口感。番茄水分要收乾。

這是一道僅使用花椰菜作為配料、味道純粹的咖哩。將花椰菜充分煮軟可以加強味道。

高麗菜燉雞中翅咖哩

香料炸雞翅 ⇒P.116

美味升級的要訣

可以試試改變燉煮方式。加入熱水煮滾後，蓋上鍋蓋，以中火慢慢燉煮30分鐘。接著打開鍋蓋，稍微加大火力將水分煮乾收汁，這樣味道會更加濃郁。

材料　4人份

紅花籽油 …… 3大匙

● 初始香料

　　孜然籽 …… 1/2小匙

洋蔥 …… 1顆

大蒜 …… 1瓣

嫩薑 …… 1塊

芹菜 …… 1/2根

切塊番茄 …… 100g

原味優格 …… 100g

● 3種基本香料

　┌ 薑黃粉 …… 1/2小匙

　│ 卡宴辣椒粉 …… 1/2小匙

　└ 芫荽粉 …… 1大匙

鹽 …… 略多於1小匙

熱水 …… 400ml

芒果酸甜醬（mango chutney） …… 1大匙

雞中翅 …… 4支

高麗菜 …… 1/4顆

重點

磨成泥的芹菜炒過後可以增添味道的層次。

作法

❶ 洋蔥切碎。　　　　　　　　　　　　切菜

❷ 大蒜、薑、芹菜磨成泥。

❸ 高麗菜切成一口大小。

❹ 油倒入平底鍋加熱，加入孜然籽炒香。　煎炒

❺ 加入洋蔥炒至上色。

❻ 加入大蒜、薑拌炒，再加入芹菜炒熟。

❼ 加入番茄炒至收汁，再倒入優格拌勻。

❽ 加入3種基本香料和鹽炒勻。✓

❾ 倒入熱水煮至滾沸，接著加入芒果酸甜　燉煮
醬、雞中翅和高麗菜，煮約60分鐘，期間
以木鏟適時攪拌。

咖哩基底

拌炒磨成泥的大蒜、薑和芹菜，
要注意確實將水分蒸發。這麼做
可以去除辛辣味，讓風味更加融
合。番茄要完全收乾水分，但優
格只需拌勻即可。

蕪菁雞肉丸咖哩

美味升級的要訣

不妨嘗試改良雞肉丸。將少量孜然籽乾煎後混
入，可以創造出顆粒口感。不一定要加麵粉，
只要充分揉捏，並用小火慢煮，就能做出柔軟
細膩的口感。

材料　　4人份

紅花籽油 …… 3大匙

● 初始香料

　　├ 芥末籽 …… 1/2小匙
　　└ 孜然籽 …… 1小匙

大蒜 …… 2瓣

洋蔥 …… 1顆

● 3種基本香料

　　├ 薑黃粉 …… 1/2小匙
　　├ 卡宴辣椒粉 …… 1/2小匙
　　└ 芫荽粉 …… 1小匙

鹽 …… 略多於1小匙

原味優格 …… 200g

熱水 …… 500ml

雞肉丸

　　├ 雞絞肉 …… 400g
　　├ 打散的雞蛋 …… 1個
　　├ 麵粉 …… 2小匙
　　├ 嫩薑汁 …… 2小匙
　　└ 鹽 …… 1/4小匙

蕪菁 …… 4顆

液態鮮奶油 …… 100ml

作法

❶ 將雞肉丸的材料放入調理盆中，混合均勻。　切菜

❷ 大蒜切碎，洋蔥切成薄片。

❸ 將蕪菁外皮厚厚地削掉。

❹ 油倒入平底鍋加熱，加入芥末籽炒香。　煎炒

❺ 當開始發出爆裂聲時，加入孜然籽炒至顏色變深。

❻ 加入大蒜炒至焦香上色，再加入洋蔥炒至變軟。

❼ 加入3種基本香料和鹽炒勻，再倒入原味優格拌勻。✓

❽ 倒入熱水煮至滾沸，接著加入雞肉丸和蕪菁，用中大火煮約20分鐘。　燉煮

❾ 加入鮮奶油稍微煮一下。

重點
將原味優格拌勻，可以增加鮮味和酸味。

咖哩基底

若想讓這道咖哩的顏色呈現濃郁鮮明的黃色，洋蔥炒到剛變軟的程度即可，不要炒至上色。相對地，大蒜炒至上色，則可以增添焦香風味。

燉煮至形狀幾乎瓦解的蕪菁質地柔軟滑順，與飽含口感的雞肉丸完美搭配。

奶香蔬菜咖哩

烤羊排 ⇒P.116

美味升級的要訣

洋蔥、胡蘿蔔和馬鈴薯是日式咖哩中的經典組合，但和其他配料搭配也會是個好選擇。例如花椰菜和白蘿蔔等，或是加入一點雞絞肉，南瓜也很不錯。

材料　　　4人份

紅花籽油 …… 3大匙
● 初始香料
　┌ 芥末籽 …… 1/2小匙
　└ 孜然籽 …… 1小匙
椰子醬
　┌ 原味優格 …… 100g
　│ 洋蔥 …… 1/2顆
　│ 腰果 …… 10g
　│ 椰絲 …… 10g
　│ 大蒜 …… 1瓣
　└ 嫩薑 …… 1塊
● 基本香料
　┌ 薑黃粉 …… 1小匙
　└ 卡宴辣椒粉 …… 1/2小匙
鹽 …… 略多於1小匙
牛奶 …… 400ml
洋蔥 …… 1又1/2個
胡蘿蔔 …… 1條
馬鈴薯 …… 2個

作 法

❶ 將製作椰子醬用的洋蔥切成一口大小，剩下的洋蔥切成楔形。胡蘿蔔和馬鈴薯切塊。　　切菜

❷ 腰果和椰絲下鍋乾煎。將椰子醬的所有材料與牛奶一起放入果汁機打到滑順。

❸ 油倒入平底鍋加熱，加入芥末籽，蓋上鍋蓋乾煎。當開始發出爆裂聲時，打開蓋子，加入孜然籽炒至顏色變深。　　煎炒

❹ 加入椰子醬炒至水分蒸發，表面開始浮現一層薄薄的油脂為止。

❺ 加入3種基本香料和鹽拌炒。✓

❻ 加入牛奶煮燉煮。　　燉煮

❼ 加入切成楔形的洋蔥，以及胡蘿蔔、馬鈴薯，不蓋鍋蓋，以中小火煮約30分鐘。

重點
椰子醬炒過之後質地變得濃郁且順滑。

咖哩基底

加入炒椰子醬是這道咖哩的一大亮點。由於大蒜、薑、洋蔥都先打成泥才下鍋，因此在炒的時候要特別留意讓水分蒸發，以去除原料的生味。完成的咖哩基底會呈現金黃色。

麻婆咖哩

香料炒炸雞 ⇒P.116

美味升級的要訣

豆瓣醬的香氣比預期中強烈，讓人不禁想問「這是咖哩還是麻婆豆腐？」可以大膽增加香料的分量。可額外添加約1大匙芫荽粉，如果有的話也可加入綜合辛香料「garam masala」。

材料　　　4人份

紅花籽油 …… 2大匙
大蒜 …… 2瓣
洋蔥 …… 1/2顆
豬絞肉 …… 150g
● 3種基本香料
　　┌ 薑黃粉 …… 1/2小匙
　　│ 卡宴辣椒粉 …… 1/2小匙
　　└ 孜然粉 …… 1大匙
鹽 …… 少許
豆瓣醬 …… 1大匙
雞高湯 …… 200ml
板豆腐 …… 1塊（400g）
細蔥 …… 10根
日本酒 …… 1大匙
片栗粉水（粉與等量水混合）
　　…… 2～3大匙

作法

❶ 豆腐切成2cm大小的方塊，放入加了少許鹽（額外添加）的熱水中浸泡1～2分鐘。　　切菜

❷ 大蒜和洋蔥切碎。細蔥切成1cm長。

❸ 油倒入平底鍋加熱，放入大蒜和洋蔥炒至焦香上色。　　煎炒

❹ 加入豬絞肉，用中火炒至鬆散。

❺ 加入3種基本香料、鹽和豆瓣醬拌炒。✓

❻ 加入雞高湯煮至滾沸，再將豆腐下鍋一起煮。　　燉煮

❼ 加入酒和細蔥煮一下，倒入片栗粉水勾芡。

重點
充分拌炒絞肉，能讓咖哩基底的口感更加醇郁。

咖哩基底

豬絞肉炒過後的醇郁滋味是這款咖哩的特色。加入絞肉後要炒至徹底熟透，讓油脂充分釋出，香料更易入味。加入豆瓣醬後只需短暫炒一下即可。

麻婆豆腐與香料咖哩的完美結合。看起來像麻婆豆腐，但一入口就能感受到香料的風味，是一道神奇的咖哩。

香料咖哩的規則

香料咖哩基本的烹調過程是「切菜」→「煎炒」→「燉煮」三個步驟。
對此，「初始香料」、「基本香料」、「結尾香料」下鍋的時機請見以下說明。
只要記住這些，就能掌握香料咖哩的規則！

香料咖哩製作過程

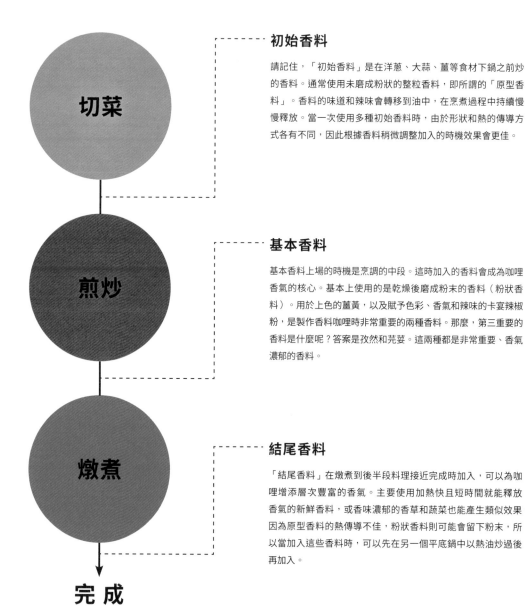

切菜

初始香料

請記住，「初始香料」是在洋蔥、大蒜、薑等食材下鍋之前炒的香料。通常使用未磨成粉狀的整粒香料，即所謂的「原型香料」。香料的味道和辣味會轉移到油中，在烹煮過程中持續慢慢釋放。當一次使用多種初始香料時，由於形狀和熱的傳導方式各有不同，因此根據香料稍微調整加入的時機效果會更佳。

煎炒

基本香料

基本香料上場的時機是烹調的中段。這時加入的香料會成為咖哩香氣的核心。基本上使用的是乾燥後磨成粉末的香料（粉狀香料）。用於上色的薑黃，以及賦予色彩、香氣和辣味的卡宴辣椒粉，是製作香料咖哩時非常重要的兩種香料。那麼，第三重要的香料是什麼呢？答案是孜然和芫荽。這兩種都是非常重要、香氣濃郁的香料。

燉煮

結尾香料

「結尾香料」在燉煮到後半段料理接近完成時加入，可以為咖哩增添層次豐富的香氣。主要使用加熱快且短時間就能釋放香氣的新鮮香料，或香味濃郁的香草和蔬菜也能產生類似效果。因為原型香料的熱傳導不佳，粉狀香料則可能會留下粉末，所以當加入這些香料時，可以先在另一個平底鍋中以熱油炒過後再加入。

完 成

以熱油鍋炒整粒香料

預先拌炒整粒香料的理由在於它們熱傳導不佳。

通過加熱，香料會釋放香氣，

但具體受熱的時機則會根據香料的形狀、大小、硬度等因素有所不同。

初始香料會在整個料理過程中持續散發柔和的香氣。

	搭配食材	特徵	合適性	建議用量
孜然籽 茴香籽	蔬菜 豆類 海鮮	拌炒後 馬上散發香氣	短時間內 完成的烹飪	每份約用 1/4小匙
小荳蔻 丁香 肉桂棒	各種肉類	燉煮過程中 漸漸釋放香氣	需要長時間 烹煮的料理	每份約用1粒 （肉桂棒約1～2公分）
紅辣椒 芥末籽	各種料理	帶有刺激性辣味 和焦香香氣	所有料理	根據喜好 調整辣度

新鮮香料最好切碎後拌勻

新鮮香料在結尾加入的理由是它們的加熱時間短。

不同於乾燥香料，新鮮香料能迅速留下濃郁香味。

如果加熱時間短，香味會更加濃郁，反之則香氣逐漸變柔和。

此外，還有一種作法是將整粒香料先用油炒過再加入。（調溫）

	特徵	合適性	搭配食材	使用時機
香菜／青椒 小青椒（獅子唐辛子） 韭菜／細蔥	產生 清新的香氣	濃郁口感的 咖哩	各種肉類	起鍋前 或盛盤後
青龍椒 薑	增加鮮明的辣味 和香氣	口感溫潤柔和的 咖哩	乳製品 各種肉類	起鍋前 或炒的過程中、 盛盤後
調溫	突顯焦香香氣	味道單純的 咖哩	豆類 蔬菜 海鮮	起鍋前

香料圖鑑

掌握香料咖哩的第一步是深入了解香料。

了解製作咖哩所需香料的外觀、顏色、香氣特徵及是否辛辣等，

能使做咖哩的過程變得更有趣。

畢竟，如果能預測出加入某種香料後咖哩的變化，自然令人愉快。

熟悉香料非常重要，因此接下來要針對本書使用的香料進行解說。

請反覆閱讀以便將名稱和特徵在腦海中連結起來。

初始香料

孜然籽

印度料理中不可或缺的香料。屬於芹菜科一年生草本植物，擁有強烈的香氣。用油炒過之後香氣迅速釋放，適合與蔬菜、豆類、海鮮類等不需要燉煮、快速完成的咖哩搭配。

小荳蔻

擁有清新強烈的香氣，是昂貴的香料。香氣主要來自種子，用油炒到外殼膨脹，燉煮時會從裂開的部分釋放香氣，適合長時間燉煮的肉類料理。

丁香

擁有類似中藥的深邃香氣。由花蕾乾燥而成，形狀獨特。能為咖哩帶來富層次的風味，但過量使用會帶來苦味，須多加留意。印度綜合香料中也有添加。

肉桂棒

常用於甜點和紅茶，具有能襯托出甜味的香氣。來自樟科常綠樹的樹皮，經乾燥處理。常與小荳蔻、丁香搭配使用於肉類料理。

芥末籽

帶有柔和辛辣味的香料。熱傳導性不佳，因此通常比其他的原型香料更早下鍋油炒。翻炒後的芳香和脆脆的口感令人印象深刻，也可以作為結尾香料使用。

茴香籽

在印度餐廳常會將茴香籽裹上糖衣作為餐後甜點，帶有清新的香氣。主要用於海鮮咖哩，不過加入蔬菜咖哩也能增加風味層次。

葫蘆巴籽

葫蘆巴籽是取自印度稱為「methi」的植物，是一種堅硬的種籽。充分加熱後會產生甜香，但用量應比其他香料少，過量會帶來強烈苦味。

紅辣椒

在日本被稱為「鷹爪」。整顆使用時，需用油炒至幾乎焦黑以釋放豐富香氣。辣味主要來自籽，若想減輕辣度同時保留香氣，可去籽使用。

基本香料

薑黃粉

印度料理中最常見的香料。幾乎所有菜餚都會使用。鮮艷的黃色為咖哩增添食慾，但過量會帶來苦味，須多加留意。

卡宴辣椒粉

紅辣椒粉末。以強烈辣味為特點，可根據喜好調整用量。實際上，它還隱含類似紅椒粉的芬芳香氣。由於不同香料辣度不同，建議先嘗試後再決定用量。

孜然粉

單獨使用時最能呈現咖哩的特色，是印度料理中不可或缺的香料。磨成粉狀後香氣更濃，十分萬用。適用於肉類、魚類、豆類和蔬菜等各種食材。

芫荽粉

乾燥的香菜種子。具有芹菜科植物特有的清爽香氣。燉煮後能為咖哩增添稠度，被稱為「和諧香料」，能平衡其他香料的個性。

結尾香料

香菜

為咖哩增添清爽香氣。不喜歡香菜的話可以增長加熱時間，讓其特殊的風味與整鍋咖哩更加融合。

青龍椒

除了辣味，還帶有清新且富層次的香氣。與洋蔥一起炒可提升咖哩風味。

青椒

切大塊一點可作為配料，切碎則為香料。熟悉而溫和的香氣是咖哩的好搭檔。

小青椒

通常是橫切成小丁再下鍋，但也可以在表面切上刀痕後下鍋燉煮，這麼做也能增加香氣。

韭菜

韭菜是與咖哩非常配的香料。強烈的香氣適合作為肉類料理的結尾香料。深綠色為咖哩增添美麗色澤。

細蔥

蔥類一般可作為結尾香料使用。長蔥或蝦夷蔥等各有特色，效果顯著。

嫩薑

切成絲在最後加進咖哩中拌勻，或是加入薑汁。鮮明的香氣使整體風味更提升。

調溫

將香料在熱油中翻炒，當香氣一散發開來時加入正在燉煮的咖哩中。快速拌一下，就能帶出強烈的香氣。

吃咖哩時，有時會不小心咬到硬硬的東西。根據我的經驗，往往都是整粒的小荳蔻。小荳蔻被淺綠色的硬殼所包覆，裡面的黑色種子擁有鮮明的香氣。那是一種即使從外殼嗅聞，便彷彿足以隨其遨遊到遠方國度般的香氣。其清新的香氣尤其能使肉類咖哩變得格外美味。整粒的小荳蔻通常作為初始香料，與油一起炒過後長時間燉煮，直到咖哩完成。隨著時間慢慢釋放種子中的香氣，最終使整道咖哩瀰漫著柔和且清新的香味。

一份咖哩通常只需要一兩粒小荳蔻，因為它的香氣非常濃烈，不慎咬到時對味覺的衝擊可不小。被咬碎的小荳蔻似乎在全力表達其怒意，清涼而強烈的刺激感直接刺入腦門，即使吐出來後，仍在口中留下不必要的餘韻。

我的一位印度料理師傅朋友稱之為「小荳蔻炸彈」。的確，其衝擊是不可估量的。誤咬小荳蔻時的後悔感受，實在令人困擾。儘管我喜歡這種香料，但那一刻我幾乎要變得討厭它了。

為了讓我的咖哩生活無後顧之憂，我漸漸發現必須與小荳蔻展開徹底的戰鬥。於是我開始想盡一切辦法避免最後的「咔哩」聲。

我首先想到的是將其放入茶包中燉煮，想煮多久就煮多久，最後拿出來直接丟掉就好。畢竟市面上也有香草束（bouquet garni）這樣的產品，所以「小荳蔻茶袋」的想法應該也不錯。不過，如果這樣做就必須放棄將香料與油一起炒的步驟。

我也嘗試過先將其與油一起炒過後取出，但這樣做也有問題。小荳蔻在油中炒過後會破裂，之後會慢慢釋放香氣。

將炒過並釋放出香氣的小荳蔻取出，放入另一個鍋中長時間水煮，然後用來替代咖哩食譜中的熱水。這樣做似乎可行，但實際上，炒香料的過程頗為漫長。在炒洋蔥和番茄的時候，小荳蔻也要繼續一起炒。

我也曾試過將殼打開取出種子來使用，但這只會增加「咔哩」的次數。試過各種方法後，最終我選擇了最原始的方法，那就是從完成的咖哩鍋中逐一取出小荳蔻。我一邊用筷子在鍋中攪拌，一邊用木鏟尋找躲藏的小荳蔻。

這些在咖哩鍋裡悠游自得小荳蔻，一會兒躲藏，一會兒又現身，當我以為抓住了，又被它們溜走，彷彿在嘲弄我。當我屏氣凝神尋找，很快就開始感到頭暈。我究竟在做什麼……只有無盡的虛無感留在腦海中。

我的香料大冒險 ②

不必與原型香料搏鬥

最終，我得出了一個愚蠢的結論：「沒辦法，只好放棄了。」小荳蔻就是偶爾會「咔哩」的香料，如果咬到了就會經歷強烈的刺激。無可避免，也無法排除。根本不應該與小豆蔻搏鬥。

而我這個最終得出的「正解」也適用於丁香、肉桂棒和整顆的辣椒等。原型香料從一開始就應該在鍋中，所以只能學會與它們和諧共處。「雖然有點討厭，但這就是它的特點」。這就是我的「原型香料觀」。什麼嘛，這不就是人際關係的縮影嗎？與小荳蔻的搏鬥讓我得到了人生中重要的啟示。

美味升級的
燉煮法則

燉煮這個步驟其實非常簡單。

只要決定好火侯，例如弱火或中火，

接下來就可以靜靜放著，時間會幫你解決一切。

隨著時間的推移，食材的味道會被提取出來，

並在湯汁中融合，美味就會油然而生。

話雖如此，燉煮的過程仍需要一點的心思。

那就是加入液體或食材後，需要將整鍋滾沸一下。

在確認燉煮程度的同時，適當地添加水分，

或是煮得更久一點讓其收汁，

有時還需要用木鏟輕輕攪拌……。

最後就交給「火」來讓咖哩變得美味。

Chapter **3**

美味升級的燉煮重點

燉煮這道程序，是製作香料咖哩的最後一步。為了讓平底鍋內的各種材料和香料的風味融合一體，是一道重要的程序。燉煮方式和選用什麼食材提味是關鍵所在。

燉煮技巧

香料咖哩並不是燉得越久就會越好吃。
根據想要將食材加熱到什麼程度，燉煮手法會有各種變化。
水分的控制也至關重要。

燉煮時不蓋鍋蓋

→ 西餐廳風牛肉咖哩（P.86）

燉煮香料咖哩時，基本上不蓋鍋蓋。這樣不僅能散去雜味，還能藉由蒸散水分讓味道更有層次。另一個好處是可以隨時觀察收汁的狀態。

細火慢燉至收汁

→ 豬肋排咖哩（P.90）

長時間燉煮會讓湯汁中的水分隨著蒸氣蒸發掉，使得總量逐漸減少。這就是所謂的收汁，能讓醬汁的味道更濃郁、食材更入味。

燉煮帶骨肉

→ 羊小排咖哩（P.94）

帶骨肉經過長時間燉煮，會滲出肉汁，讓醬汁（湯）變得更美味。最理想的狀態是將帶骨肉煮到肉骨即將分離前起鍋。

避免煮過頭

→ 旗魚咖哩（P.98）

製作以海鮮食材為主角的香料咖哩時，切記不要煮過頭。只要確認有煮熟即可，燉煮太久會產生腥味。

燉煮用的提味食材

加水燉煮是最普遍的方法，
而搭配其他食材來提味，則能讓風味更有層次。
選擇提味食材時，也要考慮與主食材是否搭配。

加果醬燉煮

→ 日式咖哩（P.92）

果醬是燉煮時提味的秘密武器。芒果酸甜醬就很有代表性。推薦使用
藍莓或杏桃等具有特色風味的果醬，蜂蜜也可以。

加白葡萄酒燉煮

→ 白葡萄酒燉豬肉菇菇咖哩（P.96）

加白葡萄酒燉煮時，可以一開始加多一點慢慢讓風味滲入，或是燉煮
到後半段時加入少量展現風味。兩種方式都很推薦。

加牛奶燉煮

→ 綜合蔬菜咖哩（P.102）

加牛奶燉煮能為咖哩帶來乳製品特有的柔滑口感。水分不須全部以牛
奶替代，部分改用牛奶就能做出溫和又濃郁的奶香風味。

加椰奶燉煮

→ 泰式黃咖哩（P.104）

椰奶不只用於泰式咖哩，製作印度咖哩時也經常派上用場。飽滿的風
味加上油脂的濃郁滋味，讓咖哩的美味程度瞬間提升。

加法式高湯燉煮

→ 法式湯咖哩（P.106）

本來用水燉煮就能提取食材的味道，一旦加入如法式高湯這般鮮味強
烈的高湯下去燉煮，美味的程度便會倍增。

西餐廳風牛肉咖哩

奶油炒菠菜 ⇒P.117

美味升級的要訣

這道咖哩的特色是使用了胡蘿蔔和蘋果作為咖哩基底的醬料。若能把這兩樣食材充分炒熟，使鮮味凝縮的話，就算不加牛奶或奶油等濃郁的乳製品也沒關係。

材料　　4人份

紅花籽油 …… 2大匙
洋蔥 …… 1顆

○ 醬料

大蒜 …… 2瓣
嫩薑 …… 2塊
胡蘿蔔 …… 1/2條
蘋果 …… 1/2個
椰子粉 …… 15g
切塊番茄 …… 100g
白葡萄酒 …… 50ml

● 3種基本香料

薑黃粉 …… 1/2小匙
卡宴辣椒粉 …… 1/2小匙
孜然粉 …… 1大匙

鹽 …… 略少於1小匙
法式雞高湯 …… 500ml
牛奶 …… 100ml
小牛高湯（fond de veau） …… 30g
芒果酸甜醬 …… 1大匙
牛肉（咖哩用） …… 600g
奶油 …… 15g

① 切菜

將醬料的所有材料放入果汁機中打成泥。

牛肉切成偏大的一口大小，撒上鹽和胡椒（額外添加）。

洋蔥切碎。

② 煎炒

油倒入平底鍋以中火加熱，加入洋蔥炒至呈琥珀色。

火侯：

加入醬料。

火侯：

拌炒至鍋中食材均勻混合。

火侯：

炒至水分完全蒸發，顏色變深。

火侯：🔥🔥

轉為小火，加入3種基本香料和鹽炒勻。

火侯：🔥

咖哩基底

加入蔬菜泥拌炒是這款咖哩基底的特色。炒至水分完全蒸發，變得濃稠為止。目標是炒到難以辨識裡面有哪一些食材，讓所有食材形狀碎掉且顏色變得焦深。

加入法式雞高湯煮到滾沸。

火侯：🔥🔥

加入牛奶、小牛高湯煮至滾沸。

火侯：🔥🔥

加入芒果酸甜醬和牛肉煮至滾沸。

火侯：🔥🔥

不加蓋以小火燉煮約1小時。

火侯：🔥

加入奶油，攪拌至融化。

火侯：🔥

豬肋排咖哩

香料炒油菜 ⇒P.117

美味升級的要訣

視豬肋排的大小調整燉煮時間，不一定要煮到
60分鐘。也可以用另一個鍋子將豬肋排燉煮
至柔軟爛熟。如果採用這種作法，最後請將約
200毫升的豬肋排和湯汁加入咖哩基底中煮至
收汁。

材料　　4人份

麻油 …… 2大匙

● 初始香料
　　小荳蔻 …… 5粒
　　丁香 …… 5粒
　　肉桂棒 …… 5cm

洋蔥 …… 1/2顆

大蒜 …… 1瓣

嫩薑 …… 1塊

水 …… 100ml

● 3種基本香料
　　薑黃粉 …… 1/4小匙
　　卡宴辣椒粉 …… 1/2小匙
　　孜然粉 …… 1大匙

鹽 …… 1/2小匙

糖 …… 2大匙

醬油 …… 1小匙

紹興酒 …… 2大匙

熱水 …… 400ml

豬肋排 …… 650g

香菜（切小段）…… 適量

作法

❶ 洋蔥切成薄片。大蒜和薑磨成泥，加入100毫升的水拌勻備用。　　切菜

❷ 豬肋排撒上鹽和胡椒（額外添加）。

❸ 油倒入平底鍋加熱，加入初始香料炒香。　　煎炒

❹ 當小荳蔻膨脹起來後，加入洋蔥炒至金黃色。

❺ 加入①的薑蒜汁，炒至水分蒸發。

❻ 加入3種基本香料、鹽、醬油、糖和紹興酒，拌炒均勻。✓

❼ 倒入熱水煮至滾沸，將豬肋排下鍋。　　燉煮

❽ 以中火煮約60分鐘，加入香菜拌勻，然後增強火力，再煮約3分鐘至收汁。

重點
經細火慢燉的豬肋排，會從大骨釋放出美味湯汁。

咖哩基底

切成薄片的洋蔥分量僅有半顆，所以火侯過大很容易燒焦。用中火炒個7～8分鐘就能炒至金黃色。加入醬油後容易燒焦，所以大致拌一下使水分蒸發即可。

日式咖哩

美味升級的要訣

這是一道可以享受到豬梅花肉口感的咖哩,如果改用切塊的豬五花肉並延長燉煮時間,會使甜美的油脂更濃郁,完成一道風味更強烈的咖哩。依喜好也可用以牛五花肉替代。

材料　　4人份

紅花籽油 …… 3大匙
洋蔥 …… 1又1/2顆
● 3種基本香料
　　薑黃粉 …… 1小匙
　　卡宴辣椒粉 …… 1/4小匙
　　孜然粉 …… 1大匙
鹽 …… 1小匙
麵粉 …… 2大匙
法式雞高湯 …… 400ml
杏桃果醬 …… 2大匙
馬鈴薯 …… 1個（150g）
胡蘿蔔 …… 1條（200g）
豬梅花肉（炸豬排用）…… 200g

作法

❶ 將洋蔥切成楔形。馬鈴薯和胡蘿蔔切成塊狀。　　　　　　切菜

❷ 豬肉撒上鹽和胡椒（額外添加）。

❸ 油倒入平底鍋加熱，加入洋蔥炒至軟化。　　　　　　煎炒

❹ 加入3種基本香料和鹽拌炒均勻，再加入麵粉拌炒。✓

❺ 加入法式雞高湯煮至滾沸，再加入馬鈴薯、胡蘿蔔和杏桃果醬，小火煮約30分鐘。　　　　　　燉煮

❻ 在另一個平底鍋中加熱油（額外添加），將豬肉煎熟。一面以大火煎約1分鐘，翻面後轉中火煎約1分30秒。起鍋後放到砧板上切成方便食用的大小，加到⑤中稍微煮一下。

重點
加入果醬燉煮，讓味道更有層次。

咖哩基底

在製作咖哩基底的階段，使用洋蔥作為配料並下鍋煎炒，是一種非傳統的作法。由於洋蔥被切成楔形，為了保留其形狀和風味、口感，只需炒至軟化即可。

羊小排咖哩

香料漬花椰菜 ⇒ P.117

美味升級的要訣

如果有腰果粉，用它來做咖哩基底能融合地更好並加深風味。即使沒有，稍微將腰果壓碎也會呈現不同的效果。燉煮時間大約45分鐘就足夠，此時熱水的量要改為400毫升。

材料　　4人份

紅花籽油 …… 2大匙
● 初始香料
　　┌ 小荳蔻 …… 5粒
　　│ 丁香 …… 5粒
　　└ 肉桂棒 …… 5cm
洋蔥 …… 1顆
大蒜 …… 2瓣
嫩薑 …… 2塊
水 …… 100ml
切塊番茄 …… 100g
原味優格 …… 100g
腰果 …… 50g
● 3種基本香料
　　┌ 薑黃粉 …… 1/2小匙
　　│ 卡宴辣椒粉 …… 1/2小匙
　　└ 孜然粉 …… 1大匙
鹽 …… 略多於1小匙
熱水 …… 500ml
羊小排 …… 8片
舞菇 …… 1包
● 結尾香料
　　香菜 …… 1把

作法

① 洋蔥切碎。大蒜和薑磨成泥，加入100毫升的水拌勻備用。　切菜

② 舞菇分成小朵，香菜切小段。

③ 油倒入平底鍋加熱，加入初始香料拌炒。　煎炒

④ 加入洋蔥炒至金黃色，然後加入①的薑蒜汁，炒至水分蒸發。

⑤ 加入番茄拌炒，接著加入原味優格繼續拌炒。

⑥ 加入腰果、基本香料及鹽繼續拌炒。✓

⑦ 倒入熱水煮至滾沸，加入羊小排和舞菇，以小火燉煮約60分鐘。　燉煮

⑧ 加入香菜拌勻，稍微煮一下。

重點
細火慢燉可以加強鮮味。

咖哩基底

這道食譜的特色是用番茄和原味優格一起製作富含鮮味和酸味的咖哩基底。炒番茄的過程中要完全讓水分蒸發，加入優格後稍微減弱火力均勻拌炒。

羊肉的風味與香料的香氣在這道咖哩中達到了完美的平衡。從羊骨中釋放出的湯汁成為了鮮味的基底。

95

白葡萄酒燉豬肉菇菇咖哩

美味升級的要訣

這是一道以舞菇、鮮奶油和白葡萄酒製作，風味絕佳平衡的咖哩。可以嘗試不加麵粉，改將洋蔥的分增加1.5倍。一樣按照食譜的作法炒洋蔥即可。這麼做會讓成品的口感更加精緻。

材料　　4人份

紅花籽油 …… 2大匙
● 初始香料
　　孜然籽 …… 1小匙
大蒜 …… 1瓣
嫩薑 …… 1塊
洋蔥 …… 1顆
● 3種基本香料
　　薑黃粉 …… 1/4小匙
　　卡宴辣椒粉 …… 1/2小匙
　　芫荽粉 …… 1大匙
鹽 …… 1小匙
麵粉 …… 2大匙
白葡萄酒 …… 200ml
法式雞高湯 …… 500ml
豬肉片（涮涮鍋用） …… 300g
舞菇 …… 1包
棕色蘑菇 …… 5個
液態鮮奶油 …… 100ml

作法

❶ 洋蔥切成薄片。大蒜和薑切碎。　　切菜

❷ 舞菇分成小朵，棕色蘑菇切成薄片。

❸ 油倒入平底鍋加熱，加入孜然籽炒香。　　煎炒

❹ 加入大蒜和薑炒香。

❺ 加入洋蔥炒至深棕色。

❻ 將火調小，加入3種基本香料和鹽拌炒，再加入麵粉拌炒。✓

❼ 加入白葡萄酒煮至滾沸，再加入法式雞高湯煮至滾沸，轉小火燉煮10分鐘。　　燉煮

❽ 加入豬肉、舞菇、棕色蘑菇和鮮奶油，燉煮約20分鐘。

重點
用白葡萄酒燉煮過後，會產生豐富的香氣。

咖哩基底

要將洋蔥炒至深棕色，最初可用大火，再逐漸轉為中火至小火。使用底面積較大的平底鍋時，大約翻炒12～13分鐘；如果是較小的鍋子，則需要翻炒將近15分鐘。

白葡萄酒的濃郁風味與豬肉、菇類的風味相融合，創造出一道具有溫潤柔和口感的咖哩。

旗魚咖哩

焗烤旗魚 ⇒P.117

美味升級的要訣

只要是白肉魚,都很適合用來做這道咖哩。使用當季的魚會更好。將魚肉切成一口大小後,先撒上少量的薑黃粉和少量的鹽(兩者都是額外添加),再淋上檸檬汁醃漬30分鐘是更佳的作法。

材 料　　4人份

奶油 …… 30g
炸洋蔥 …… 50g
熱水 …… 100ml
大蒜 …… 1瓣
嫩薑 …… 1塊
切塊番茄 …… 200g
● 3種基本香料
　　薑黃粉 …… 1/2小匙
　　卡宴辣椒粉 …… 1/2小匙
　　孜然粉 …… 1大匙
鹽 …… 略多於1小匙
水 …… 200ml
牛奶 …… 200ml
蜂蜜 …… 1大匙
檸檬汁 …… 1大匙
旗魚 …… 8片

作 法

❶ 將炸洋蔥與熱水混合備用。

❷ 大蒜和薑磨成泥。

❸ 旗魚切成一口大小。

❹ 在平底鍋中加熱奶油，加入混合了熱水的炸洋蔥拌炒。

❺ 加入大蒜和薑拌炒，接著加入切塊番茄，炒至水分蒸發。

❻ 加入3種基本香料和鹽拌炒。✓

❼ 加入水煮至滾沸，再加入牛奶、蜂蜜和檸檬汁，煮約15分鐘。

❽ 加入旗魚，煮至熟透。

切菜 | 煎炒 | 燉煮

重點
烹煮海鮮類時，不要煮太久是鐵則。

咖 哩 基 底

因為奶油容易燒焦，加上炸洋蔥已經煮熟並且碎掉了，所以只需快速翻炒後就可加入大蒜和薑。因為番茄的量較多，需特別留意要充分將水分炒至蒸發。

旗魚淡雅的味道，讓濃郁的醬汁更加美味，是一道各種味道皆能取得完美平衡的咖哩。

蕎麥麵店的咖哩丼

美味升級的要訣

高湯和麵露是這道咖哩的決勝點,所以建議盡可能自己用昆布和鰹魚片製作高湯。購買麵露時最好確認一下原料,盡量選擇美味的產品。

材料　　4人份

紅花籽油 …… 3大匙

大蒜 …… 1瓣

嫩薑 …… 1塊

洋蔥 …… 1又1/2顆

● 3種基本香料

　　┌ 薑黃粉 …… 1/2小匙

　　│ 卡宴辣椒粉 …… 1/2小匙

　　└ 孜然粉 …… 1大匙

麵粉 …… 1大匙

高湯 …… 800ml

麵露（3倍濃縮）…… 80ml

雞腿肉 …… 250g

香菇 …… 2片

片栗粉水（粉與等量的水混合）…… 2大匙

水 …… 2大匙

● 結尾香料

　　鴨兒芹 …… 適量

重點

加入高湯燉煮，立刻強化了日式風味。

作法

❶ 洋蔥和香菇切成厚片，大蒜和薑切碎。　　切菜

❷ 片栗粉用水溶開備用。

❸ 雞肉切成薄片，撒上鹽和胡椒（額外添加），鴨兒芹切小段。

❹ 油倒入平底鍋加熱，加入大蒜和薑稍微拌炒，再加入洋蔥炒至軟化。　　煎炒

❺ 加入3種基本香料拌炒，再加入麵粉繼續拌炒。✓

❻ 加入高湯和麵露煮至滾沸。　　燉煮

❼ 加入雞肉和香菇，以小火煮約15分鐘。

❽ 加入片栗粉水勾芡，再加入鴨兒芹拌勻。

咖哩基底

大蒜和薑的風味融入油中後，再加入配料的洋蔥拌炒。炒至洋蔥變軟即可。讓3種基本香料與平底鍋內的油完全融合是鐵則。在這一階段要確實翻炒均勻。

這是一道像是蕎麥麵店裡會供應的咖哩丼。香料和麵露混合後，立刻變成懷舊的味道。

綜合蔬菜咖哩

番茄萊塔 ⇒P.117

美味升級的要訣

可以用原味優格來代替牛奶。作法是將牛奶換成300毫升的水，並額外加入100克的優格。均勻混合後，在最後跟茄子一起下鍋。

材料　　4人份

紅花籽油 …… 3大匙
大蒜 …… 1瓣
嫩薑 …… 1塊
洋蔥 …… 1顆
切塊番茄 …… 200g
腰果 …… 30g
● 3種基本香料
　　薑黃粉 …… 1/2小匙
　　卡宴辣椒粉 …… 1/4小匙
　　孜然粉 …… 1大匙
鹽 …… 略多於1小匙
牛奶 …… 400ml
胡蘿蔔 …… 1條
四季豆 …… 10根
茄子 …… 3個

作法

❶ 大蒜、薑和洋蔥切碎。

❷ 腰果壓碎。

❸ 胡蘿蔔切成塊狀。四季豆斜切成2公分長。

❹ 茄子切成小塊，用油（額外添加）炸好備用。

❺ 油倒入平底鍋加熱，加入大蒜、薑和洋蔥，炒至洋蔥變金黃色。

❻ 加入切塊番茄，炒至水分蒸發，再加入腰果拌炒。

❼ 加入3種基本香料和鹽拌炒。✓

❽ 加入牛奶煮至滾沸，再加入胡蘿蔔和四季豆，煮至熟透。

❾ 加入茄子混合拌勻。

切菜 / 煎炒 / 燉煮

重點
用牛奶燉煮增加濃郁和滑順的口感。

咖哩基底

傳統且簡單的咖哩基底。洋蔥與大蒜、薑一起下鍋，去掉薑的草腥味是重點。因為番茄的量多，所以咖哩基底最終的色澤偏紅。

同樣切成小塊的3種蔬菜裹上了濃郁的醬汁，在口中交織出豐郁的滋味。

泰式黃咖哩

美味升級的要訣

在醬料中使用的「鹽辛魷魚」，是用來替代泰國常見稱作「泰式蝦醬」的蝦米發酵調味料。主要是想突顯出類似內臟的鮮味。使用「蟹味噌」或「鰹魚酒盜」也能讓味道更佳。

材料　　4人份

紅花籽油 …… 3大匙
醬料
> 洋蔥 …… 1/4顆
> 大蒜 …… 2瓣
> 嫩薑 …… 2塊
> 鹽辛魷魚 …… 2小匙
> 水 …… 100ml

● 3種基本香料
> 薑黃粉 …… 1小匙
> 卡宴辣椒粉 …… 1/2小匙
> 孜然粉 …… 2小匙

椰奶 …… 400ml
熱水 …… 100ml
魚露 …… 2大匙
豬梅花肉 …… 200g
玉米筍 …… 12根
馬鈴薯 …… 2個
青檸葉 …… 4片

作法

❶ 醬料的材料和3種基本香料一起加入果汁機打成醬。

❷ 豬肉和馬鈴薯切成一口大小。

❸ 油倒入平底鍋加熱，接著加入①的醬料拌炒。✓

❹ 加入椰奶煮至滾沸，再加入魚露。

❺ 加入豬肉、玉米筍、馬鈴薯和青檸葉，煮至馬鈴薯熟透。

切菜 → 煎炒 → 燉煮

重點
使用椰奶燉煮能讓口感更加滑順。

咖哩基底

炒製醬料的程度很關鍵。在用果汁機打成醬時加入的水和蔬菜本身就含有水分，要盡可能在拌炒時蒸發掉。將醬料從稀薄拌炒至粘糊狀，就是炒製完成的標準。

洋蔥、大蒜等生菜和3種基本香料融為一體的咖哩。魚露的鹹味使整體味道更加濃郁。

法式湯咖哩

孜然飯 ⇒P.117

美味升級的要訣

製作湯咖哩時，加入一點點「高湯粉」或「魚露」來提味，是我近期熱愛的作法。在開始燉煮前只要加一點點，幾乎察覺不到的程度，會大大增加風味層次，非常推薦。

材料　　4人份

橄欖油 …… 2大匙
● 初始香料
　　孜然籽 …… 1/2小匙
洋蔥 …… 2顆
● 基本香料
　┌薑黃粉 …… 1/2小匙
　└卡宴辣椒粉 …… 1/2小匙
鹽 …… 略多於1小匙
法式雞高湯 …… 600ml
椰奶 …… 100ml
雞翅 …… 4根
胡蘿蔔 …… 1條（大）
芹菜 …… 1/2根

作法

❶ 洋蔥縱切對半，保留芯部。胡蘿蔔削皮後縱切對半，再橫切成兩段。芹菜切除粗纖維後切成4段。

❷ 雞翅撒上鹽和胡椒（額外添加）。

❸ 橄欖油倒入鍋中加熱，加入孜然籽炒香。

❹ 洋蔥切面朝下下鍋，煎至切面呈金黃色。

❺ 加入基本香料和鹽拌炒。✓

❻ 加入法式雞高湯和椰奶。

❼ 加入雞翅、胡蘿蔔和芹菜，煮至滾沸後蓋上蓋子，以小火燉煮約45分鐘。

❽ 加入椰奶，繼續燉煮約15分鐘。

切菜

煎炒

燉煮

重點
使用法式雞高湯燉煮能讓風味更濃郁。

咖哩基底

這是一種不使用咖哩基底、獨特的咖哩烹飪方式。作為配料的洋蔥，切面要確實煎至金黃，並均勻沾裹上油和基本香料，這樣在燉煮的過程中可以增強風味。

蔬菜的甜味和香氣、雞翅的鮮味，以及椰奶的風味相融合，形成口味溫和的湯咖哩。

香料豬肉咖哩
應用篇

材料　　4人份

豬梅花肉 …… 600g
醃料
　┌ 洋蔥 …… 1/2顆
　│ 大蒜 …… 2瓣
　│ 嫩薑 …… 2塊
　│ 白葡萄酒 …… 75ml
　│ 孜然籽 …… 1小匙
　│ 芥末籽 …… 1/2小匙
　│ 蜂蜜 …… 1大匙
　└ 梅干 …… 1個（大）
紅花籽油 …… 3大匙

● 初始香料
　┌ 小荳蔻 …… 5粒
　│ 丁香 …… 5粒
　└ 肉桂棒 …… 5cm
洋蔥 …… 1顆
切塊番茄 …… 250g
原味優格 …… 50g
● 3種基本香料
　┌ 薑黃粉 …… 1/4小匙
　│ 卡宴辣椒粉 …… 1小匙
　└ 孜然粉 …… 2小匙

鹽 …… 略多於1小匙
椰奶粉 …… 4大匙
熱水 …… 400ml
● 結尾香料
　　香菜 …… 1把

① 切菜

豬肉切成一口大小。
梅干去核，把醃料的材料全部放入果汁機裡打成泥狀。
再將豬肉放進醃料中醃漬，放入冰箱冷藏。

洋蔥切碎。香菜粗小段。

② 煎炒

油倒入鍋中，以中火加熱。
加入初始香料，翻炒至小荳蔻膨脹。

火侯：🔥🔥

加入洋蔥，翻炒至深棕色。

火侯：🔥🔥

加入番茄，翻炒至水分蒸發。

火侯：🔥🔥

加入原味優格，繼續翻炒。

火侯：🔥🔥

將火轉小，加入3種基本香料和鹽，
混合翻炒約30秒。

火侯：🔥

咖哩基底

翻炒至金黃色的洋蔥是味道的關
鍵。開始用大火翻炒，逐漸調至
中大火，再到中小火，至少要翻
炒10分鐘以上，並徹底讓洋蔥
的水分蒸發。

將醃好的豬肉連同醃漬液一起加入鍋中，將火轉大。

火候：🔥🔥

煮至水分完全蒸發，豬肉表面均勻上色。

火候：🔥🔥

加入一半的熱水和椰奶粉，用大火煮至滾沸。

火候：🔥🔥🔥

倒入剩餘的熱水煮至滾沸，
接著轉小火繼續煮約1小時。

火候：🔥

當表面浮出油脂時，加入香菜拌勻，稍微煮一下。

火候：🔥

我大學時代非常討厭香菜。那種脆脆的口感會在我的後腦勺留下一種奇怪的刺激感。吃下去之後從鼻子呼出的氣味，就像廁所的芳香劑一樣，使我渾身不自在地顫抖。更糟糕的是，有時在沙拉裡，香菜會悄悄地隱藏起來，當我毫無防備地將食物放入口中，突然發現裡面有香菜，那一刻真是恐怖。

我當時根本不知道香菜也稱為「シャンツァイ」（音同中文香菜）。對我來說，「香菜」這個陌生的名稱聽起來就像是帶來不幸的咒語。因此，大量使用香菜的泰國料理對我來說是絕對的敵人。我無法理解喜歡吃這種食物的人，甚至認為自己一輩子也不需要吃泰國料理。

改變我的人是駒澤大學車站附近至今仍在營業的泰國咖哩專賣店「ピキヌー」（PIKINU）。有一次，我坦承自己不喜歡香菜時，對方回了這麼一句話：「忍耐吃上十次看看。從第十一次開始，你就會上癮了。」

當時的我覺得被騙了 ── 畢竟這是一句常聽到的話 ── 但確實如此。現在回想起來，這故事聽起來依舊難以置信，但當時的我還很純真。照他們所說，我忍耐著，一次又一次地吃了起來，一次、兩次、三次……，四次、五次、六次……，我不覺得自己對它的印象有什麼改變。七次、八次、九次……當重複吃了許多次後，我甚至不知道自己到底吃了多少次。

不知不覺中，我已經吃了第 10 次。雖然我不記得是否是第 11 次開始喜歡香菜的，但某個時刻我驚覺自

己竟然愛上了香菜。甚至在銀座的一家小酒館，我狼吞虎嚥地吃著一盤幾乎只有香菜的沙拉。這聽起來像是個虛構的故事，但它確實發生了。

香菜是代表性的新鮮香料之一，對於咖哩來說不可或缺。不僅是泰式咖哩，印度咖哩中也常看到香菜的身影，而且它還是完成咖哩的重要香料。

所謂的新鮮香料，指的是生的、未經烹煮的狀態。例如，生吃洋蔥或大蒜會感受到強烈的辛辣味和香氣，但經過加熱後，這些刺激會減弱，有時甚至會產生甜味。相反地，乾燥香料或粉狀香料經過乾燥處理，加熱後才會散發出香氣。這意味著新鮮香料就是在自然狀態下香氣才會最濃郁。

我從小就喜歡的另一種新鮮香料是咖哩葉。這種與山椒相關的香料，葉子本身就帶有咖哩的香味。由於它是在熱帶地區生長的植物，在日本很難越冬，所以很少能夠找到新鮮的咖哩葉。因此，當在日本工作的印度廚師偶爾看到新鮮的咖哩葉時，他們會興奮地大喊「Curry Patta ！ Curry Patta ！」展現出對這種在日本罕見的香料的珍愛。

然而有一次，我發現了一家國內商店有賣咖哩葉的苗木，我立即決定買下它。

咖哩葉來了，太好了！我小心翼翼地將它的盆栽放在陽台上，摘下一片葉子，輕輕撕開。尖銳的香味立刻刺入我的鼻腔。當我在炒洋蔥時加入幾片咖哩葉，那

一瞬間鍋中散發出無法言喻的香味，令人難以忘懷。陽台上的這個小盆栽成了我的幸福象徵。

夏天我會將它搬到通風、日照良好的地方，秋天則搬入溫暖的室內。在連續晴朗的日子裡，我會適時給它澆水。冬天來臨前，葉子開始枯萎掉落，我會一邊道歉一邊摘下所有葉子進行「採收」，並小心地保存在冷凍庫中，直到春天到來之前，小心翼翼地、一點一點地使用它。從那以後，我精心培育的家庭咖哩葉，現在已經長出了用不完的葉子。

當我學會巧妙地運用新鮮香料時，我的咖哩技術達到了另一個層次。與乾燥香料不同，新鮮的香料需要細心照料，否則它們的狀態會發生變化。新鮮香料是活的，正因如此，它們才能散發出那刺激性的香氣。

我的香料大冒險 ③

別小看新鮮香料

活用香料的配菜食譜

享用香料咖哩時，
能搭配同樣用香料製作的料理當然最好。
從豐盛有飽足感的食物到健康食物，
接下來將介紹能增強咖哩美味，
或作為小菜的各種菜色。

⇒P.30

胡蘿蔔阿查爾

辛香又帶酸味的小菜，
用黑芝麻的風味帶出特色。

〔材料〕 4人份
紅花籽油 …… 2大匙
孜然籽 …… 1/2小匙
胡蘿蔔（切成1cm塊狀）…… 1條
● 基本香料
・薑黃粉 …… 1/4小匙
・卡宴辣椒粉 …… 1/2小匙
鹽 …… 少許
黑芝麻粉 …… 1小匙
檸檬汁 …… 2大匙

〔作法〕
❶ 胡蘿蔔煮熟備用。
❷ 油倒入平底鍋加熱，加入孜然籽炒香。
❸ 加入①的胡蘿蔔快速翻炒，再加入基本香料、鹽、黑芝麻粉炒勻。
❹ 加入檸檬汁攪拌均勻。

⇒P.34

馬鈴薯薩布吉

將馬鈴薯先炒後蒸，
能品嘗到特有的滋味和口感。

〔材料〕 4人份
紅花籽油 …… 2大匙
孜然籽 …… 1小匙
大蒜（切薄片）…… 1/4瓣
嫩薑（切薄片）…… 1/4塊
● 基本香料
・薑黃粉 …… 1/4小匙
・卡宴辣椒粉 …… 1/4小匙
鹽 …… 少許
馬鈴薯（切成1.5cm塊狀）…… 2個

〔作法〕
❶ 油倒入平底鍋加熱，加入孜然籽炒香。
❷ 加入大蒜、薑拌炒。
❸ 加入基本香料、鹽、馬鈴薯拌炒均勻，蓋上鍋蓋，以小火蒸煮約10分鐘至熟透。

⇒P.36

馬鈴薯阿查爾

阿查爾是一種印度泡菜。
檸檬的酸味為其特色。

〔材料〕 4人份
紅花籽油 …… 1大匙
馬鈴薯 …… 2個
● 3種基本香料
・薑黃粉 …… 1/4小匙
・卡宴辣椒粉 …… 1/4小匙
・孜然粉 …… 1/4小匙
鹽 …… 1/2小匙
黑芝麻粉 …… 1小匙
檸檬汁 …… 1大匙

〔作法〕
❶ 馬鈴薯切成小方塊狀，煮熟備用。
❷ 加入3種基本香料、鹽、黑芝麻粉拌炒，加入檸檬汁拌勻。

胡蘿蔔阿查爾
（achar）
P. 30

馬鈴薯薩布吉
（sabzi）
P. 34

馬鈴薯阿查爾
P. 36

糖漬胡蘿蔔
與四季豆
P. 38

印度奶茶
P. 40

香料炸鰤魚
P. 42

印度肉燥
P. 56

香料馬鈴薯沙拉
P. 62

柳橙拉西（lassi）
P. 44

香料炸雞翅
P. 68

烤羊排
P. 72

香料炒炸雞
P. 74

奶油炒菠菜
P. 86

香料炒油菜
P. 90

香料漬花椰菜
P. 94

焗烤旗魚
P. 98

番茄萊塔（raita）
P. 102

孜然飯
P. 106

⇒P.38

奶油香料炒胡蘿蔔和四季豆

這是一道與牛肉咖哩非常搭配的菜餚。
孜然的香氣讓蔬菜的甜味更為突出。

〔材料〕　4人份
胡蘿蔔（切塊）…… 1條
四季豆（切成1/3等長）…… 10根
水 …… 適量
奶油 …… 15g
鹽 …… 1/2小匙
孜然粉 …… 1/4小匙

〔作法〕
❶ 平底鍋中加入胡蘿蔔、奶油和鹽，加水至剛好覆蓋，煮至滾沸。
❷ 轉小火，煮至胡蘿蔔還保有些微硬度，然後加入四季豆繼續煮。
❸ 加入孜然粉拌勻，增強火力以蒸發水分。如果水分太多，請適度倒掉一些。

⇒P.40

印度奶茶

推薦在吃完咖哩後享受奶茶時光。
糖量可依個人喜好調整。

〔材料〕　4人份
小荳蔻（壓碎）…… 8粒
丁香 …… 10粒
肉桂棒（折斷）…… 1條
嫩薑（壓碎）…… 1塊
茶葉（大吉嶺）…… 2大匙
糖 …… 2～3大匙
牛奶 …… 500ml

〔作法〕
❶ 將所有材料加入鍋中，用中火加熱。
❷ 煮至滾沸後轉小火，再次煮至滾沸，重複3次，然後用濾茶器過濾。

⇒P.42

香料炸鰤魚

鰤魚炸得鬆軟可口。
也適合當下酒菜。

〔材料〕　4人份
鰤魚（去骨的魚肉）…… 4片
紹興酒 …… 1小匙
醬油 …… 1小匙
薑汁 …… 1大匙
● 3種基本香料
・薑黃粉 …… 1/4小匙
・卡宴辣椒粉 …… 1/4小匙
・孜然粉 …… 1小匙
鹽 …… 少許
片栗粉 …… 適量

〔作法〕
❶ 除了鰤魚和片栗粉外，將其他材料在調理盆中混拌均勻，放入鰤魚浸泡約15分鐘。
❷ 在鰤魚片上均勻地撒上片栗粉，放入已預熱至180度的油中，炸至表面金黃酥脆。

115

⇒P.44

柳橙拉西

這是一款隱約地散發著清新橙香的優格飲料。

- - - - - - - - - - - - - - - - - - - -

〔材料〕 4人份
原味優格 …… 300g
柳橙汁 …… 200ml
牛奶 …… 200ml
蜂蜜 …… 1大匙
孜然粉 …… 1/2小匙

- - - - - - - - - - - - - - - - - - - -

〔作法〕
❶ 所有材料放入調理盆中，攪拌至起泡。

⇒P.56

印度肉燥

將絞肉炒到像香鬆一樣酥酥脆脆。

- - - - - - - - - - - - - - - - - - - -

〔材料〕 4人份
紅花籽油 …… 1大匙
牛絞肉 …… 50g
青辣椒 …… 1條
孜然粉 …… 1/4小匙
鹽 …… 1/2小匙
雞蛋 …… 2個

- - - - - - - - - - - - - - - - - - - -

〔作法〕
❶ 青辣椒切成圓片。雞蛋打散備用。
❷ 油倒入平底鍋加熱，放入牛絞肉，炒至完全熟透。
❸ 加入青辣椒、孜然粉和鹽拌炒。
❹ 加入雞蛋，炒至呈鬆散狀態。

⇒P.62

香料馬鈴薯沙拉

薑黃的鮮亮黃色令人食慾大開。

- - - - - - - - - - - - - - - - - - - -

〔材料〕 4人份
馬鈴薯 …… 2個
薑黃粉 …… 1/4小匙
日式美乃滋 …… 1大匙
檸檬汁 …… 1小匙
糖 …… 1/2小匙
胡椒鹽 …… 少許

- - - - - - - - - - - - - - - - - - - -

〔作法〕
❶ 除了馬鈴薯以外的所有材料放入調理盆中拌勻。
❷ 馬鈴薯削皮，切成適當大小煮熟。稍微放涼後壓碎，與①混合均勻。

⇒P.68

香料炸雞翅

把雞翅炸到焦香酥脆。
也適合當作派對餐點。

- - - - - - - - - - - - - - - - - - - -

〔材料〕 4人份
雞翅 …… 8根
醃漬液
・蒜泥 …… 1/2小匙
・日本酒 …… 2小匙
・醬油 …… 1小匙
・砂糖 …… 1/2小匙
・蛋黃 …… 1個
● 3種基本香料
・薑黃粉 …… 1/4小匙
・卡宴辣椒粉 …… 1/4小匙
・孜然粉 …… 1小匙
麵粉 …… 適量
片栗粉 …… 適量

- - - - - - - - - - - - - - - - - - - -

〔作法〕
❶ 雞翅切掉尖端，並在中翅的部分劃一刀。
❷ 醃漬液的材料和3種基本香料在調理盆中拌勻，把①放進去醃漬片刻。
❸ 撒上麵粉和片栗粉，在180度的油中炸至金黃酥脆。

⇒P.72

烤羊排

羊排撒上香料搓揉入味後烤製而成，
是一道不複雜的料理。

- - - - - - - - - - - - - - - - - - - -

〔材料〕 4人份
羊小排 …… 4片
● 3種基本香料
・薑黃粉 …… 1/4小匙
・卡宴辣椒粉 …… 1/4小匙
・孜然粉 …… 1/2小匙
鹽 …… 1/2小匙

- - - - - - - - - - - - - - - - - - - -

〔作法〕
❶ 把3種基本香料和鹽均勻地撒在羊排上。
❷ 放入預熱到200度的烤箱，烤約15分鐘。

⇒P.74

香料炒炸雞

濃郁的調味和微微的酸味，
非常適合當下酒菜。

- - - - - - - - - - - - - - - - - - - -

〔材料〕 4人份
紅花籽油 …… 1大匙
孜然籽 …… 1/4小匙
大蒜（切碎）…… 1/2小匙
嫩薑（切碎）…… 1/2小匙
番茄泥 …… 1大匙
日式炸雞 …… 200g
四季豆 …… 10根

- - - - - - - - - - - - - - - - - - - -

〔作法〕
❶ 四季豆切成3公分長，用鹽水汆燙一下。
❷ 油倒入平底鍋加熱，加入孜然籽炒香。
❸ 加入大蒜和薑炒香，再加入番茄泥混合均勻。
❹ 加入炸雞和四季豆拌炒均勻。

⇒P.86

奶油炒菠菜

這是一道能享受到奶油、菠菜和孜然
完美搭配的菜餚。

〔材料〕　4人份
奶油 …… 10g
菠菜 …… 1/2把
紅辣椒 …… 1根
孜然粉 …… 1/4小匙
鹽 …… 1/4小匙

〔作法〕
❶ 菠菜用鹽水汆燙後，以清水沖洗，瀝
乾水分備用。
❷ 奶油和紅辣椒放入平底鍋加熱，加入
孜然粉和鹽炒勻，再加入①的菠菜快速翻
炒。

⇒P.90

香料炒油菜

鮮豔的綠色非常適合春天。
與肉類咖哩非常相配。

〔材料〕　4人份
油菜 …… 6根
紅花籽油 …… 2小匙
孜然籽 …… 1/4小匙
鹽 …… 少許

〔作法〕
❶ 將油菜的葉子和莖分開，莖部斜切成
一半。
❷ 油倒入平底鍋加熱，加入孜然籽炒香。
❸ 加入①的油菜和鹽混合均勻，蓋上鍋
蓋蒸熟。

⇒P.94

香料漬花椰菜

口味非常簡單又清爽。
但意外地令人上癮。

〔材料〕　4人份
花椰菜 …… 1/3顆
橄欖油 …… 2小匙
檸檬汁 …… 1大匙
● 基本香料
・薑黃粉 …… 1/4小匙
・孜然粉 …… 1/8小匙
鹽 …… 少許

〔作法〕
❶ 將花椰菜之外的其他材料拌勻備用。
❷ 花椰菜分成小朵後煮熟。
❸ 將①和②混合均勻，放涼後放入冰箱
冷藏。

⇒P.98

焗烤旗魚

清爽的滋味讓人一口接一口。
吃再多都不會膩。

〔材料〕　4人份
旗魚 …… 2片
醃料
・原味優格 …… 100g
・起司粉 …… 1大匙
・鹽 …… 1/2小匙
● 基本香料
・薑黃粉 …… 1/2小匙
・孜然粉 …… 1/2小匙

〔作法〕
❶ 旗魚切成一口大小。
❷ 醃漬液的材料和基本香料倒入調理盆
中混拌均勻，將旗魚放進去醃漬，靜置2
小時。
❸ 放入預熱至250度的烤箱中烤8分鐘。

⇒P.102

番茄萊塔

芥末籽和孜然的香味，
是整道菜的亮點。

〔材料〕　4人份
原味優格 …… 100g
番茄（切塊）…… 2顆
鹽 …… 少許
紅花籽油 …… 2小匙
芥末籽 …… 1/4小匙
孜然籽 …… 1/4小匙

〔作法〕
❶ 調理盆中放入優格、切碎的番茄和鹽
拌勻。
❷ 油倒入平底鍋加熱，加入芥末籽，蓋
上鍋蓋燜煎。
❸ 芥末籽的爆裂聲減弱時，開蓋加入孜
然籽炒香，加入①的調理盆中混合均勻。

⇒P.106

孜然飯

青豆的甜味，
與孜然的香氣達到完美平衡。

〔材料〕　4人份
煮熟的米飯 …… 2人份
紅花籽油 …… 1大匙
孜然籽 …… 1/4小匙
鹽 …… 少許
檸檬汁 …… 1小匙
青豆仁 …… 55g

〔作法〕
❶ 油倒入平底鍋加熱，加入孜然籽炒香。
❷ 加入鹽、檸檬汁、青豆仁和米飯拌炒，
關火後將青豆仁稍微壓碎混合均勻。

讓香料咖哩美味升級的

Q & A

香料對於想要製作美味咖哩的人來說，是值得依賴的夥伴。
然而，對於不熟悉的人來說，可能會感到不安或有難度，真是太可惜了！
在這個單元中，我將以我個人的想法回答有關香料的常見問題。

Q¹ 真正印度咖哩，
大約會用上多少種香料呢？

A 雖然有人說香料的種類本身就有50種，甚至超過100種，
不過在印度，一種咖哩通常使用的香料種類平均不到10種。
而在家裡則如本書所示，通常用3～5種香料來製作多種變化的咖哩。

Q² 隔夜的香料咖哩
會好吃嗎？

A 雖然香味會變得較溫和，但相對地味道會更
加濃郁，因此可能會感覺更美味。

Q³ 香料
對身體有益處嗎？

A 雖然有人說對身體有益，但除非是專門學習
過印度醫學之類的人，否則根據具體的身體
症狀來做香料處方是非常困難的。

Q⁴ 香料的調配有規則嗎？

A 以基本香料為例，薑黃或卡宴辣椒粉的用量較少，
孜然（或芫荽）的用量則要多一些，這是風味平衡的基本原則。

Q⁵ 放多一點油
會變得更美味嗎？

A 雖然取決於加量的程度，但基本上，多一點油通常感覺會更美味。
印度餐廳在製作咖哩時使用的油量，通常是本書食譜的2倍以上。

Q⁶ 使用任何種類的油都可以嗎？

A 可以使用沙拉油。
我個人喜歡紅花籽油，它對身體有益且味道也不錯。

Q⁷ 想讓咖哩更辣的話該怎麼做？

A 請多加一些卡宴辣椒粉。

Q⁸ 我不確定鹽的正確用量。

A 製作香料咖哩時，建議在添加基本香料的同時加入鹽，但如果在這一步驟加太多，將難以調整。因此，建議先添加少量，然後在烹飪完成後試試味道，視情況再加鹽調味。此外，食譜中提到的鹽用量僅供參考。由於不同種類的鹽的顆粒粗細度和鹹度不同，使用前先了解鹽的特點非常重要。

Q⁹ 所有香料都會辣嗎？

A 具有辣味的香料包括卡宴辣椒粉、黑胡椒、芥末籽等，但辣度不強。然而，由於我們日本人對香料較不熟悉，即使是不帶辣味的香料，也可能讓一些人感覺到它們具有刺激的氣味，而認為它們「辣」。

Q¹⁰ 不能使用綜合辛香料嗎？

A 如果有的話，可嘗試添加微量作為結尾調味的香料。這將會為咖哩增添豐富的風味，讓咖哩更加美味。但要注意，綜合辛香料具有濃烈的香氣，如果添加過多，可能會破壞食材的風味，並損害其他香料的特點。因此，我個人會特別留意盡量不依賴綜合辛香料。

Q¹¹ 可以將辣味咖哩做成帶甜味的咖哩嗎？

A 很抱歉，一旦辣味成分添加到咖哩中，就無法減少或去除。然而，仍然可以通過增強甜味或酸味來相對抑制辣味感受。

Q¹² 如果手邊沒有某些香料，可以用其他香料替代嗎？

A 有些香料可以替代，而有些則不能。
孜然粉和芫荽粉可以相互替代，做出來的咖哩不僅美味不減，
還可以享受到兩者在香氣上面的不同。

Q[13] **請分享能讓咖哩美味升級的食材（獨家配方）**

A 有很多種不同的秘密調味料可以使用。

奶油

可以代替最初的油，增加強烈的濃郁風味。在最後加入混合還有助於乳化。

牛奶

可以代替水一起燉煮，使咖哩變得更加濃郁。特別適合搭配以蔬菜為主的咖哩。

液態鮮奶油

可以增添濃郁風味的代表性乳製品。通過在咖哩最後階段加入，可以呈現奶香和豐郁的風味。

起司粉

可以為任何咖哩增添濃郁風味的萬能調味料。除了能增加咖哩的濃稠度，也可以拌在飯裡享用。

果醬

想添加甜味和水果風味時，果醬是一個有效的選擇。藍莓、杏桃等不同口味讓咖哩風味變得多種多樣。

炸洋蔥

可以作為炒洋蔥的替代品，是一種能增添強烈風味的調味料。關鍵是先用熱水泡開再添加。

雞湯粉

顆粒狀的類型，非常適合為咖哩增添日本人喜愛的動物性鮮味。如果使用已製成品，請注意它可能會帶有鹹味。

腰果

堅果類食材可以為咖哩增添強烈的風味。在印度也是常見的秘密調味料。杏仁和花生也是不錯的選擇。

三溫糖

甜味等於鮮味。在燉煮過程中加入可以使咖哩味道更順口。任何類型的砂糖都可以使用。

蜂蜜

帶出風味豐富的甜味，同時增添黏稠度和光澤。比起直接使用砂糖，更能帶來溫和的甜味。

麵粉

可以透過麵粉的黏稠度增添濃郁的風味。和基本香料一起炒是鐵則。

片栗粉

能帶來順滑的黏稠度和誘發食慾的光澤。建議與等量的水混合後，再一點一點慢慢加入。

醬油

受日本人喜愛的萬能調味料，可以增添風味。根據使用濃稠或薄鹽的醬油，需要調整用量。請注意不要使用過多。

魚露

代表泰國料理的發酵調味料。只需少量即可增添風味。對於泰國咖哩來說是不可或缺的調味料。

豆瓣醬

可以同時為咖哩增添辣味和鮮味。由於具有中國風味，因此需要考慮與食材的搭配等因素。

芒果酸甜醬

作為咖哩的提味調味料，長期以來一直受歡迎。它的甜味、酸味和風味可以為咖哩增添層次感。

椰奶

具有溫潤風味和豐郁口感的通用食材。其獨特風味，可能會因個人口味而使接受度有所不同。

葡萄酒

可增加酸味、獨特風味和誘發食慾的色澤等。在燉煮時加入少量，或是拿來醃漬肉類都效果突出。

麻油

可以增添濃烈的風味和獨特的個性。需要考慮與香料的香氣平衡。

橄欖油

獨特的風味可以為咖哩帶來豐郁的口感。特別適合海鮮咖哩或蔬菜咖哩。

用咖哩塊做的咖哩、餐廳供應的印度料理以及歐風咖哩，通常會大量使用油和乳製品等，以增添豐富的風味和口感。相較之下，本書介紹的香料咖哩尊重食材本身的風味，如果覺得「味道不夠」，請依喜好嘗試少量添加上述食材。

14

除了平底鍋以外，還可以使用哪一種鍋子？

建議使用含氟樹脂塗層的單柄鍋。不僅可以減少油量，
也不容易燒焦。此外，單柄鍋比雙柄鍋更容易翻炒。

 15

香料可以在哪裡買到？

本書中出現的香料主要可以在超市的香料專區購買，但更方便的購買方式是通過網路購物。
我目前在「SPIN FOODS」的網站購買（http://www.spinfoods.net/）。

 16

我不喜歡椰奶，
可以用牛奶或鮮奶油代替嗎？

可以，但風味會有些許不同。

17 找不到卡宴辣椒粉。 有時它會以紅辣椒、紅辣椒粉等名稱銷售。

 18

香料有保存期限嗎？

有。請參考商品上標示的保存期限。開封後的香料最好放在密閉容器中，並儲存在陰涼處。即使超過保存
期限，透過乾煎有時也能恢復其香氣。

 19

可以將醃肉的優格一起下鍋嗎？

優格是鮮味的來源，所以請一定要連同優格一起下鍋。

Q²⁰ 咖哩基底有哪些？

我把本書出現過的咖哩基底
做成了圖鑑，敬請參考。

香料豬肉咖哩——基本篇 P.12	盛夏的蔬菜咖哩 P.26	雞肉末咖哩 P.30	馬鈴薯菠菜咖哩 P.32
奶油雞肉咖哩 P.34	碎牛肉咖哩 P.36	歐風牛肉咖哩 P.38	秋葵咖哩 P.40
綜合海鮮咖哩 P.42	雞肉青椒咖哩 P.44	檸檬雞咖哩 P.52	茄子黑咖哩 P.56
燉雞翅腿咖哩 P.58	法式餐館風鮮蝦咖哩 P.60	牛肉蘑菇咖哩 P.62	泰式綠咖哩 P.64
花椰菜咖哩 P.66	高麗菜燉雞中翅咖哩 P.68	蕪菁雞肉丸咖哩 P.70	奶香蔬菜咖哩 P.72
麻婆咖哩 P.74	西餐廳風牛肉咖哩 P.86	豬肋排咖哩 P.90	日式咖哩 P.92
羊小排咖哩 P.94	白葡萄酒燉豬肉菇菇咖哩 P.96	旗魚咖哩 P.98	蕎麥麵店的咖哩丼 P.100
綜合蔬菜咖哩 P.102	泰式黃咖哩 P.104	法式湯咖哩 P.106	香料豬肉咖哩——應用篇 P.108

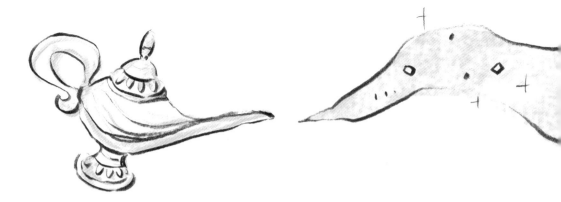

我的香料大冒險 ④

不要依賴
綜合辛香料

過去很長一段時間，綜合辛香料對我來說就像魔法師一般的存在。只要在咖哩做好之前撒上一點，立刻就能變成正宗的風味，我記得曾在某處讀到過類似的描述。實際用過咖哩塊之後，確實產生了令人難以置信的香氣，讓我覺得不像是自己做的咖哩。從那以後，我在咖哩完成時總會撒上一些。我買了各種不同的綜合辛香料，嘗試比較它們的香氣，甚至嘗試混合它們，享受其中的樂趣。綜合辛香料的原文「葛拉姆馬薩拉」（garam masala）也吸引了我，特別是「葛拉姆」這個詞給人一種神秘而非凡的感覺，彷彿得到了不該擁有的東西。

葛拉姆馬薩拉是印度最常見的綜合辛香料。它由 5 到 6 種、甚至 10 種左右的香料乾煎後混合，再用研磨器磨成粉狀。由於結合了多種具代表性的香料，可以說是集多種優點於一身的產品。因此，對它上癮也是情有可原。

有一天，我遇到了一種絕妙的葛拉姆馬薩拉。它的包裝上寫著「好香味」，不管怎麼看都散發著一種可疑的氛圍。它擁有與我之前所用過的完全不同的香氣。不，不僅僅是香氣，還有一番風味。簡而言之，它有一股味道。香料本身通常不會賦予食物味道，但這種葛拉姆馬薩拉卻有味道。而且，不知為何，它還隱約帶有鰹魚乾的風味。

真的有這麼荒唐的事情嗎？我半信半疑地將一點鹽混入葛拉姆馬薩拉中，然後撒在米飯上試試，結果做出了異國風味的鰹魚香鬆飯。我查詢了原料，但顯然並沒有使用鰹魚，這讓我非常困惑。

我想起了一位親近的印度料理店老闆曾經說過的話：「當雞肉咖哩做得特別好的時候，不知為何會有醬油的味道。」在印度料理中使用醬油是不可能的，但做出來的咖哩卻有醬油的風味，他說這是做得特別好的證明。

出現了本不應該有的味道，意味著在烹飪過程中發生了某種化學反應，從而產生了新的味道。這就像是在鍋中施魔法一般，所以味道不好是不可能的。我遇到的那種葛拉姆馬薩拉有鰹魚的風味，可能是出於與「醬油味的雞肉咖哩」相同原理，這意味著它是種非常特別的產品，與其他葛拉姆馬薩拉完全不同，可以說是「魔法師中的魔法師」。這讓我沉迷了一段時間。

然而，我對葛拉姆馬薩拉的迷戀並沒有持續太久。因為我開始對那種香氣感到有些厭倦。不管做什麼味道的咖哩，最終都變成相同的香氣，這讓我感到不悅。不管是葛拉姆馬薩拉風味雞肉、葛拉姆馬薩拉風味海鮮，還是葛拉姆馬薩拉風味肉末咖哩……說實話，好像我做的咖哩可能都得冠上「葛拉姆馬薩拉風味」這樣的名稱才說得過去。

特別是當我使用了「魔法師中的魔法師」，它的威力是如此巨大，以至於我甚至感到了一陣空虛，好像之前所有的烹飪努力都被毀了一樣。本以為能使咖哩更具特色的葛拉姆馬薩拉，卻讓我自己的咖哩失去了個性，這是我從未料想過會發生的事。我逐漸開始與這些「魔法師」保持距離。

由於我不再依賴葛拉姆馬薩拉，所以又開始能夠製作出不依靠那種香氣的美味咖哩。不使用葛拉姆馬薩拉反而讓我覺得更能按照自己的意圖來控制香氣，這讓我感到很有趣。結果，廚房裡裝有「魔法師」的香料罐逐漸被擱置到一邊。

現在，對我來說，葛拉姆馬薩拉就像是一位生活在遠方的摯友一般。

我知道你很了不起，並且永遠不會忘記那些受你幫助的日子。現在我經常與薑黃先生、紅辣椒先生、孜然先生和芫荽先生相處，但只要知道你在依然在某處就讓我感到安心。所以，如果有一天我需要依靠你，那將是我真正遇到困難或煩惱的時候。

小心別錯過香料魔法

世上真的會發生不可思議的事。身在印度餐廳的廚房裡時，就讓我有這種感覺。

主廚哼著歌站在鍋子前，一心想偷學的我緊跟在一旁幫忙。洋蔥在高溫的油鍋裡炸得舞動翻騰，放入蒜、薑，再將番茄下鍋。此時油鍋開始噗滋作響。我屏息心想：「香料差不多該登場了。」就在主廚的手伸向香料盒之時，一聲令下響徹而來——

「去幫我拿一下花椰菜。」
「好！」

我奔向蔬果室拿了花椰菜，快速回到廚房時，鍋裡已經冒出了陣陣香氣。就在我離開的一瞬間，香料下鍋了，主廚施展了香料魔法。

為此感到沮喪的我，隔天也抓緊了機會。眼見主廚站在跟昨天同一個地方、同一個鍋子前，為了不重蹈覆轍，我已經事先把花椰菜準備在手邊，絕不會再錯過香料下鍋的那一刻。我目不轉睛地緊盯著主廚的一舉手一投足，不容差錯。然而，不知何時，鍋裡突然散發出了跟剛才全然不同的香氣。

怎麼？我錯過了什麼？一臉茫然的我，不斷望向爐上的鍋子。明明我分秒未離，香料卻不知不覺下鍋了。原來秘密在主廚身穿的廚師服袖子內裡，他把事先調

和好的香料藏在裡面，趁著攪拌時偷偷撒入香料，不被旁人發現。香料魔法又再次發生。真是的，又不是賽巴巴。

主廚並不想傳授我如何調和香料。所以他想方設法，不，應該說是到處施展魔法，把香料藏地好好的。

雖然令人難以想像，但這是真實的故事。這種類似的經歷我也曾從其他人那裡聽過。例如，像是下述的情況。

今天我同樣站在主廚的旁邊。這次我打算不再失誤。每天都像吸盤魚一樣緊隨著，想必主廚終究會讓步的吧。果真，這天出現了不同於以往的情況。主廚老老實實地將手伸向香料盒，取出所需的香料，輕快地撒入了鍋內。太好了！我將這一幕深深烙印在了眼底與腦海中，彷彿像是慢動作拍攝的影片。如此一來，只要在腦內一幕幕回放，就能徹底查明決定性的瞬間——「三指一搓，輕撒兩下」。主廚真傳的香料祕方已成了我的囊中之物。

隔天，為了複習我又站到了主廚身旁。如同昨日，主廚在同一時間點，輕快地撒入了香料。嗯！？奇怪？不對啊！應該是三指一搓撒兩下，怎麼變成撒了三下？這跟昨天撒的分量不一樣吧！即便感到狐疑也無濟於事。主廚為了避免自己的動作洩漏了香料機密，

會稍微改變手指頭捏起來一搓的分量。也就是說，撒兩次時捏的分量較多，撒三次時捏的分量較少。但是最後加進去的總量都是一樣的。徒留狐疑的我，最終仍無從得知確切的香料分量。我想主廚不僅是廚藝過人，耍把戲的手段也比別人更勝一籌吧！

最近，我獲得了向一位地位非常崇高的印度蒙兀兒料理主廚海珊（Hussein）學習的機會。他就在我眼前製作一道稱作「查納馬薩拉（Chana masala）」的豆類咖哩。親切的海珊主廚一邊做前置準備，一邊仔細告訴我材料與分量。在向我說明起鍋要加的香料時，海珊主廚說那種綜合香料的名稱叫「魔法香料」。

「這是海珊主廚自創的香料嗎？」

我這麼問，他自信滿滿地點了點頭。將孜然與黑胡椒乾煎過後，用研磨器磨碎，再將葫蘆巴葉（kasoori methi）乾煎後用手搓揉成粉狀。接著與印度綜合香料（garam masala）一起加進調理盆中。在海珊主廚每一次加入不同的香料時，我會把調理盆放到電子秤上，將加入香料的確切分量紀錄下來。不知道還有沒有第二位允許我這麼做的印度主廚。據說不藏私地傳授食譜作法，是海珊主廚的原則。

眼前的查納馬薩拉正邁向起鍋的一刻，然而最重要的魔法香料卻遲遲沒有要登場的跡象。基底已經完成，

而且香料加了、豆子也燉好了，幾乎跟已經做好的狀態沒兩樣。

「你來嘗嘗味道。」

舀了一小匙，送進嘴裡後，查納馬薩拉的熟悉滋味在口中四溢。

「嗯，好好吃！」

看到我一臉滿足之後，海珊主廚馬上將調理盆中的魔法香料全部倒入掌心，並攤開給我看，接著直接一把投入了鍋中。「喔喔喔！」我不禁低聲驚呼。被海珊主廚催促著再嘗了一口之後，實在令我驚為天人。一個我幾乎從來沒有體驗過的香氣，像箭一般飛快地從我的鼻腔衝入腦門。就在我以為結束時，另一種香氣又迎頭趕上。這絕對是我吃過最美味的查納馬薩拉，只不過是加了魔法香料，就有如施加魔法般變身成新的滋味。

海珊主廚展現的「魔法香料的香料魔法」，應該會讓我永生難忘。原來真正偉大的主廚不只魔法超群，也不吝於分享其中的秘密。我最近又再一次感受到「咖哩的精髓就在於香料的運用」。所以，假如有一位能做出至高美味咖哩的主廚在你眼前展現手藝，千萬不能錯過他的香料魔法，絕對不能。

結語

各位是否滿意這些美味升級的香料咖哩呢？

對於第一次製作香料咖哩的各位來說，想必是一個新鮮的體驗。我相信各位一定感受到了與在餐廳享用的咖哩，以及家用市售咖哩塊做的咖哩完全不同的風味。

在製作這本書的過程中，我從靜岡的老家帶來了我小時候常用的咖哩盤到東京。那是一個普通的白色橢圓形平盤，上面有著藍色的花朵圖案。

當我把我自己做的香料咖哩，盛在這個過去曾盛裝母親做的咖哩塊咖哩的盤子上時，我突然回想起在十幾歲時還不曾嘗過這些味道，不禁讓我感到有點感慨。

發現新口味並且學會自己製作，這將能為各位日後的咖哩生活帶來超乎想像的豐富體驗和刺激。如果透過香料咖哩的食譜實現了這樣的未來，身為作者，再也沒有比這更開心的事了。

希望這本書能為各位享用咖哩的日子增添美味色彩，成為簡單又實用的指南。

No Spice, No Life.

2013年初夏
水野仁輔

VF0135

3步驟×3香料 印度風香料咖哩 <u>終極食譜</u>

東京咖哩番長幫你丟掉咖哩塊，掌握關鍵技巧，在家就能做出正宗多變的印度風味！

原文書名　改訂版 3スパイス&3ステップで作る もっとおいしい! はじめてのスパイスカレー

作者　　　水野仁輔
譯者　　　張成慧
特約編輯　張成慧

出版　　　積木文化
總編輯　　王秀婷
責任編輯　沈家心
版權　　　沈家心
行銷業務　陳紫晴、羅伃伶

發行人　　　何飛鵬
事業群總經理 謝至平
發行　　　城邦文化出版事業股份有限公司
地址　　　台北市南港區昆陽街16號4樓
電話　　　886-2-2500-0888 傳真：886-2-2500-1951

英屬蓋曼群島商家庭傳媒股份有限公司城邦分公司
地址　　　　　台北市南港區昆陽街16號8樓
客服專線　　　02-25007718；02-25007719
24小時傳真專線 02-25001990；02-25001991
服務時間　　　週一至週五上午09:30-12:00；下午13:30-17:00
劃撥帳號　　　19863813 戶名：書虫股份有限公司
讀者服務信箱　service@readingclub.com.tw
城邦網址　　　http://www.cite.com.tw

香港發行所　　城邦（香港）出版集團有限公司
地址　　　　　香港九龍土瓜灣土瓜灣道86號順聯工業大廈6樓A室
電話　　　　　(852)25086231
傳真　　　　　(852)25789337
電子信箱　　　hkcite@biznetvigator.com

馬新發行所　　城邦（馬新）出版集團 Cite（M）Sdn Bhd
地址　　　　　41, Jalan Radin Anum, Bandar Baru Sri Petaling, 57000 Kuala Lumpur, Malaysia.
電話　　　　　(603) 90563833｜傳真：(603) 90576622
電子信箱　　　services@cite.my

設計排版　　　郭忠恕
製版印刷　　　上晴彩色印刷製版有限公司

國家圖書館出版品預行編目（CIP）資料

3步驟×3香料 印度風香料咖哩終極食譜：東京咖哩番長幫你丟掉咖
哩塊,掌握關鍵技巧,在家就能做出正宗多變的印度風味!/水野仁輔著；
張成慧譯. -- 初版. -- 臺北市：積木文化出版：英屬蓋曼群島商家庭傳
媒股份有限公司城邦分公司發行, 2024.03
　　面；　公分. -- (五味坊；135)
譯自：改訂版 3スパイス&3ステップで作る もっとおいしい はじめての
スパイスカレー
ISBN 978-986-459-586-0(平裝)
1.CST: 食譜 2.CST: 香料
427.1　　　　　　　　　　　　　　　　　113001693

Originally published in Japan by PIE International
Under the title 改訂版 3スパイス&3ステップで作る もっとおいしい！はじめてのスパイスカレー
(Kaiteiban 3 Spice & 3 Step de Tsukuru Motto Oishii! Hajimete no Spice Curry)
© 2021 Jinsuke Mizuno / PIE International
Complex Chinese translation rights arranged through Bardon-Chinese Media Agency, Taiwan
All rights reserved. No part of this publication may be reproduced in any form or by any means, graphic, electronic or mechanical,
including photocopying and recording by an information storage and retrieval system, without permission in writing from the
publisher.
Traditional Chinese edition copyright: 2023 CUBE PRESS, A DIVISION OF CITE PUBLISHING LTD. All rights reserved.

【印刷版】
2024年 3 月 28 日　初版一刷
售　價／NT$499
ISBN 978-986-459-586-0
Printed in Taiwan.
【電子版】
2024年 3 月
ISBN 978-986-459-585-3（EPUB）
有著作權・侵害必究